기하학연구서 시리즈 • 6

Lectures on Differential Geometry 3

양성덕의 미분기하강의 3편

- 곡면론 중심 -

양성덕 지음

KYOWOO

머리글

아인슈타인의 상대성 이론으로 인해 널리 알려지게 된 4차원 로렌츠 공간에는 여러 부분 공간들이 있는데 그 중에는 우리에게 매우 친숙한 3차원 유클리드 공간도 있고 가장 대표적인 비 유클리드 공간인 3차원 쌍곡 공간도 있습니다. 이 책은 4차원 로렌츠 공간에 들어있는 평평한 부분 공간과 구 공간에 있는 곡면 중 항등평균곡률을 가진 곡면에 관련된 내용들을 정리한 것입니다. 평평한 공간으로는 3차원 유클리드 공간, 3차원 로렌츠 공간, 3차원 등방적 공간을, 구 공간으로는 3차원 쌍곡 공간, 3차원 더시터르 공간, 그리고 3차원 광원뿔 공간을 생각합니다. 이 여섯 공간에서의 곡면론은 하나하나가 재미있기도 하지만 한데 묶어 놓고 보면 서로간 성립하는 관계까지 볼 수 있어 공부하는 재미가 쏠쏠합니다.

4차원 로렌츠 공간은 2×2 에르미트 행렬집합과 일대일 대응관계를 가지는데 이러면 위에 언급한 여러 공간을 들여다 보는데 행렬의 성질들을 이용할 수 있습니다. 이는 앞에서 말한 여러 공간과 그 공간에 있는 곡면들을 들여다 보는 데에 매우 재미있는 도구가 됩니다. 심지어는 3차원 유클리드 공간의 곡면을 들여다 볼 때도 2×2 에르미트 행렬집합을 이용하여 보는 것이 좋을 수도 있는데 최소한 모든 공간을 한 틀에서 바라볼 수 있다는 점에서 4차원 로렌츠 공간은 2×2 에르미트 행렬집합으로 보는 것은 매우 유용한 방법입니다. 이 책에서는 우리에게 친숙한 유클리드 공간과 로렌츠 공간에서의 곡면론을 일단은 행렬의 도움 없이 전개하고 거기에 등장하는 이론들을 나머지 공간에 적용시키는 관점을 취하고 있습니다. 특히 같은 평평한 공간일 지라도 3차원 등방적 공간을 들여다 볼 때는 행렬의 도움을 받는 것이 좋습니다.

항등평균곡률 곡면을 바라보는 데는 여러 관점들이 있는데 이 책은 그 중 유클리드 공간의 엔네퍼-바이에르스트라스 표현 정리를 중심으로 한 이론에 대하여 주로 다룹니다. 이는 순전히 제 개인적인 취향에 따른 것이며 항등평균곡률 곡면을 공부함에 있어서 이 책에서 다루어지지 않은 엄청나게 많은 내용들이 있다는 점을 말씀드립니다.

2,3,4장에서는 유클리드 공간의 극소곡면론을 다룹니다. 특히 리만 곡면을 정의역으로 하는 곡면 함수의 그림을 그리는 데 필요한 기본 지식을 제공하는데 이는 다른 공간에 있는 곡면의 그림을 그리는 데도 유용한 지식입니다. 5장에서는 3차원 로렌츠 공간에 있는 극대곡면을 다룹니다. 로렌츠 공간의 (시간적) 극소곡면에 대한 내용은 생략하였는데 그 부분도 공부하면 좋을 것입니다. 6장에서는 3차원 등방적 공간의 곡면론을 다루는 데 이 공간에서의 곡면론은 유클리드 공간이나 로렌츠 공간과는 달리 4차원 로렌츠 공간의 구조에 의존하여 전개하는 것이 매우 필요한 부분이 있습니다. 7장에서는 쌍곡 공간의 항등평균곡률 1 곡면을, 8장에서는 더시터르 공간의 항등평균곡률 1 곡면을, 9장에서는 광원뿔 공간의 항등평균곡률 0 곡면을 다룹니다.

이 책의 목표는 학부 미분기하학에서 다루는 3차원 유클리드 공간의 곡면론이 다른 공간에서는 어떻게 전개되는가를 전달하는데 있으며 대상이 낯설어서 그렇지 다변수 미적분학과 선형 대수학, 미분 방정식, 복소 함수론 등을 잘 이해하고 있으면 계산은 무리없이 따라갈 수 있을 것입니다.

이 강의록을 쓰는 데 있어서도 여러 분들과 기관으로부터 많은 도움을 받았습니다. 한국연구재단의 연구비 지원 (NRF 2017R1E1A1A03070929, NRF 2020R1F1A1A01074585, 4단계 BK21)에도 감사합니다. 곡면론을 공부할 때는 역시 곡면을 그려가면서 공부하면 재미있습니다. 부록 C에 있는 그림들은 전부 제 박사지도학생인 이원주 선생이 세이지매쓰로 그려준 것입니다.

부족한 글이지만 각 공간의 곡면론을 공부하고 싶은 후학들에게 도움이 되기를 바라는 마음으로 이 책을 내 놓습니다. 전혀 오류가 없는 책을 내지 않는 가장 좋은 방법은 아예 책을 내지 않는 것이라는 말이 있는데 그럼에도 불구하고 부족한 글을 내 놓는 이유는 우리말로 쓰여진 글이 많아야 된다는 생각 때문입니다. 잘못된 부분을 발견하시면 꼭 알려주세요. 개정판에서 수정하도록 하겠습니다.

고려대학교 아산이학관에서
양성덕 드림

차 례

머리글 iii

제 1 장 설정 1

1.1 4차원 로렌츠 공간의 여러 3차원 초평면과 초구 . . . 2

1.2 4차원 로렌츠 공간과 에르미트 행렬 집합 4

1.3 외적 5

1.4 3차원 유클리드 공간의 회전 6

제 2 장 3차원 유클리드 공간의 극소곡면론 9

2.1 공형 좌표계와 극소곡면 10

2.1.1 공형 좌표계의 존재성 14

2.2 엔네퍼-바이에르스트라스 표현식 20

2.3 바이에르스트라스 자료로 가우스 사상 나타내기 . . . 26

2.4 바이에르스트라스 자료로 기본형식 나타내기 28

제 3 장 3차원 유클리드 공간의 극소곡면의 대칭성 31

3.1 뵤올링의 문제 32

3.2 극소곡면의 대칭성 33

3.3 바이에르스트라스 자료로부터 대칭성 판별하기 . . . 35
3.4 곡면의 곧은선, 주곡률선, 점근곡선 41
3.5 호프 미분 형식과 대칭성 사이의 관계 45
3.6 극소곡면과 켤레극소곡면 사이의 관계 46

제 4 장 3차원 유클리드 공간의 극소곡면의 예 49

4.1 셔억의 첫 번째 극소곡면 50
4.1.1 곡면을 그리는 첫 번째 방법 53
4.1.2 곡면을 그리는 두 번째 방법 56
4.1.3 매쓰매티카로 그림 그릴 때 유용한 팁 59
4.1.4 셔억의 첫 번째 곡면을 그리는 여러 방법의 비교 60
4.2 셔억의 두 번째 극소곡면 60
4.3 n-노이드 61
4.4 코스타의 곡면 62
4.5 코스타-호프만-믹스의 곡면 63
4.5.1 정의역의 모양 64
4.5.2 끝 찾기 64
4.5.3 끝의 모양 67
4.5.4 주기 문제와 매개수 값 결정 68
4.5.5 대칭성 70

제 5 장 3차원 로렌츠 공간의 공간적 극대 곡면론 73

5.1 로렌츠 평면의 공간적 곡선의 곡률 74
5.2 로렌츠 공간의 공간적 곡면의 가우스 곡률과 평균 곡률 77
5.3 극대곡면의 정의 82
5.4 극대곡면의 예 83

5.4.1 회전극대곡면 83
5.4.1.1 타원회전에 불변인 극대곡면 83
5.4.1.2 쌍곡회전에 불변인 극대곡면 85
5.4.1.3 포물회전에 불변인 극대곡면 86
5.4.2 셔억-형 극대곡면 87
5.4.2.1 $t = f(x) + g(y)$ 꼴의 극대곡면 88
5.4.2.2 $y = f(x) + g(t)$ 꼴의 극대곡면 88
5.4.2.3 $\frac{x-t}{2} = f(\frac{x+t}{2}) + g(y)$ 꼴의 극대곡면 90
5.5 극대 곡면에 대한 바이에르스트라스 표현식 92
5.5.1 세 함수를 고르는 방법 95
5.5.2 극대곡면을 찾아내는 예 96
5.5.3 가우스 사상 97
5.6 바이에르스트라스 자료로 본 극대곡면의 여러 대상들 99
5.7 리만 곡면에 정의된 극대곡면의 예 104
5.8 나선면 104

제 6 장 3차원 등방적 공간의 항등평균곡률 0 곡면론 109

6.1 3차원 등방적 공간의 모델 110
6.2 3차원 등방적 공간에 있는 곡면의 가우스 사상 112
6.3 가우스 곡률과 평균 곡률 116
6.4 엔네퍼-바이에르스트라스 표현식 117
6.5 바이에르스트라스 자료로 본 곡면의 여러 대상들 . . . 119

제 7 장 3차원 쌍곡 공간의 항등평균곡률 1 곡면론 123

7.1 3차원 쌍곡 공간의 간단한 곡면들 124
7.2 3차원 쌍곡 공간의 외적 125

7.3 브라이언트 표현 공식 125
7.4 바이에르스트라스 자료로 알아보는 곡면의 기본 성질 130
7.5 쌍곡 가우스 사상의 기하적 의미 135
7.5.1 적응된 단위직교틀장 찾기 138
7.6 해 찾아내기 140
7.7 주기 문제 144
7.8 항등평균곡률 1 회전면의 예 146
7.8.1 타원 현수면 148
7.8.2 쌍곡 현수면 149
7.8.3 포물 현수면 150
7.9 항등평균곡률 1 회전면의 수반 곡면 152
7.9.1 쌍곡 공간의 나선 운동 152
7.9.2 준비 154
7.9.3 타원형 항등평균곡률 1 나선면 155
7.9.4 쌍곡형 항등평균곡률 1 나선면 156
7.9.5 포물형 항등평균곡률 1 나선면 156
7.10 스몰의 식을 이용하여 곡면 찾기 158

제 8 장 3차원 더시터르 공간의 항등평균곡률 1 곡면론 163

8.1 3차원 더시터르 공간의 기하 164
8.2 3차원 더시터르 공간의 외적 165
8.3 브라이언트 표현 공식 167
8.4 바이에르스트라스 자료로 알아보는 곡면의 기본 성질 172
8.5 항등평균곡률 1 곡면의 예 176
8.5.1 타원형, 쌍곡형, 포물형 회전면 176
8.5.2 타원형, 쌍곡형, 포물형 회전면의 수반곡면들 . . 178

8.6 쌍곡 가우스 사상의 기하적 의미 178

제 9 장 3차원 광원뿔 공간의 항등평균곡률 0 곡면론 181

9.1 광원뿔 공간이란? 182

9.2 곡면론 183

9.3 엔네퍼 바이에르스트라스 표현식 186

9.4 항등평균곡률 0 곡면의 호프 미분 형식과 가우스 사상 192

9.4.1 적응된 틀장과 가우스 사상 193

9.4.2 쌍곡 가우스 사상의 기하적 의미 195

9.4.3 호프 미분 형식 195

9.5 광원뿔 공간의 항등평균곡률 0 곡면의 예 196

9.5.1 타원형, 쌍곡형, 포물형 항등평균곡률 0 회전면 . 196

9.5.2 항등평균곡률 0 회전면의 수반곡면 197

제 10 장 공간 넘나들기 199

10.1 모든 걸 한꺼번에 200

10.1.1 공통 200

10.1.2 $\mathbb{E}^3, \mathbb{L}^3, \mathbb{I}^3$ 에서 여러 식의 비교 201

10.1.3 $\mathbb{H}^3(-1), \mathbb{S}^3_1(1), \mathbb{Q}^3_+$ 에서 여러 식의 비교 202

10.2 공간 넘나들기 1 203

10.3 공간 넘나들기 2 204

부록 A 등장 사상 207

A.1 4차원 로렌츠 공간의 등장 사상 208

A.1.1 4차원 로렌츠 공간의 등장 사상 208

A.1.2 $\mathbf{SL}(2,\mathbb{C})$ 와 $\mathbf{SO}(1,3)^+$ 사이의 관계 211

A.1.3 $\mathbf{SL}(2,\mathbb{C})$ 의 기하적 해석 215

A.2 3차원 유클리드 공간의 등장 사상 216
A.3 3차원 로렌츠 공간의 등장 사상 216
A.3.1 직선에 대한 회전이동과 평면에 대한 대칭이동 . 219
A.3.2 회전에 의한 점의 궤적 223
A.3.3 등장 사상 다시 보기 223
A.4 2차원 로렌츠 평면의 등장사상 224
A.5 3차원 등방적 공간의 등장사상 224
A.6 2차원 등방 평면의 등장사상 226
A.7 3차원 쌍곡 공간, 더시터르 공간, 광원뿔 공간의 등장 사상 227

부록 B 디랙 스피너 229
B.1 소개 230
B.2 디랙 스피너의 스핀 성질 230

부록 C 그림들 235
C.1 유클리드 공간에 있는 극소곡면들 236
C.2 로렌츠 공간에 있는 극대곡면들 238
C.3 등방적 공간에 있는 항등평균곡률 0 곡면들 239
C.4 쌍곡 공간에 있는 항등평균곡률 1 곡면들 240
C.5 더시터르 공간에 있는 항등평균곡률 1 곡면들 241
C.6 광원뿔 공간에 있는 항등평균곡률 0 곡면들 242

참고 문헌 243

주제어 찾아보기 249

제 1 장

설정

1.1 4차원 로렌츠 공간의 여러 3차원 초평면과 초구

4차원 로렌츠 공간 $\mathbb{L}^4$를 생각할 때 아무래도 한 특정한 좌표계를 고정하여 생각하는 것이 편리하므로 우리도 일단은 한 좌표계를 고정하여 이론을 전개하고자 하는데 임의의 점은 보통 4개의 실수 (t, x, y, z)로[1] 두 점 (t_1, x_1, y_1, z_1)과 (t_2, x_2, y_2, z_2) 사이의 거리는 다음과 같이 주어지는 좌표계를 사용한다.

$$d\left((t_1, x_1, y_1, z_1), (t_2, x_2, y_2, z_2)\right) := \\ \sqrt{-(t_2-t_1)^2 + (x_2-x_1)^2 + (y_2-y_1)^2 + (z_2-z_1)^2}.$$

이 정의에 의하면 서로 다른 두 점 사이의 거리가 0이 될 수도 있고 순허수가 될 수도 있음에 주목하라. 순허수로 생각할 때는 허수부가 양의 실수라고 하여 이론을 전개한다.

이제 다음을 정의하자.

$$\begin{aligned}
\mathbb{E}^3 &:= \{(t, x, y, z) \in \mathbb{L}^4 : t = 0\}, \\
\mathbb{L}^3 &:= \{(t, x, y, z) \in \mathbb{L}^4 : z = 0\}, \\
\mathbb{I}^3 &:= \{(t, x, y, z) \in \mathbb{L}^4 : t = x\}, \\
\mathbb{H}^3(-1) &:= \{(t, x, y, z) \in \mathbb{L}^4 : -t^2 + x^2 + y^2 + z^2 = -1, t > 0\}, \\
\mathbb{S}^3_1(1) &:= \{(t, x, y, z) \in \mathbb{L}^4 : -t^2 + x^2 + y^2 + z^2 = 1\}, \\
\mathbb{Q}^3 &:= \{(t, x, y, z) \in \mathbb{L}^4 : -t^2 + x^2 + y^2 + z^2 = 0\}.
\end{aligned}$$

여기서 $\mathbb{E}^3, \mathbb{L}^3, \mathbb{I}^3$는 각각 공간적, 시간적, 광적 벡터 부분공간이며 $\mathbb{H}^3(-1), \mathbb{S}^3_1(1), \mathbb{Q}^3$는 원점이 중심이고 반지름의 길이는 각각 $i, 1, 0$인 구(의 일부)다. 이 책에서 유클리드 공간, 로렌츠 공간, 등방적 공간, 쌍곡 공간, 더시터르 공간, 광원뿔 공간이라 할 때는 위 집합

---

1) 시공간을 영어로는 spacetime이라고 한다. 우리는 시간을 공간에 앞서 생각하고 서양은 공간을 시간에 앞서 생각하는 것일까?

을 가리키는 것이다.

$\mathbb{L}^4$를 내적이 다음과 같이 주어진 내적 공간으로 생각할 수도 있다.

$$\langle (t_1, x_1, y_1, z_1), (t_2, x_2, y_2, z_2) \rangle := -t_1t_2 + x_1x_2 + y_1y_2 + z_1z_2.$$

이 때 다음은 $\mathbb{L}^4$의 자연스러운 기저가 된다.

$$e_0 := (1,0,0,0), \qquad e_1 := (0,1,0,0),$$
$$e_2 := (0,0,1,0), \qquad e_3 := (0,0,0,1).$$

다시 한 번 더 강조하자면 첫 번째 좌표는 t다.

이를 이용하면 다음이 성립한다.

$$\begin{aligned}
\mathbb{E}^3 &= \{U \in \mathbb{L}^4 : \langle U, e_0 \rangle = 0\}, \\
\mathbb{L}^3 &= \{U \in \mathbb{L}^4 : \langle U, e_3 \rangle = 0\}, \\
\mathbb{E}^3 &= \{U \in \mathbb{L}^4 : \langle U, (e_0 + e_3) \rangle = 0\}, \\
\mathbb{H}^3(-1) &= \{U \in \mathbb{L}^4 : \langle U, U \rangle = -1, t > 0\}, \\
\mathbb{S}^3_1(1) &= \{U \in \mathbb{L}^4 : \langle U, U \rangle = 1\}, \\
\mathbb{Q}^3 &= \{U \in \mathbb{L}^4 : \langle U, U \rangle = 0\}.
\end{aligned}$$

$\mathbb{L}^4$의 좌표계를 약간 변형하는 것이 좋은 경우가 있다. 특히 포물 회전을 들여다 볼 때는 직교 좌표계보다는 점근적 직교 좌표계라는 게 좋다. 점근적 직교 좌표계의 특수한 경우는 (6.1), (6.1), (6.3)에 나와 있다. 거기서 (6.3)는 $\langle f_0, f_3 \rangle = 1$이 성립하게 하기 위해 필요하다.

1.2 4차원 로렌츠 공간과 에르미트 행렬 집합

복소수를 원소로 갖는 모든 2×2 행렬들의 집합을 $M(2, \mathbb{C})$로 나타낸다. $\mathbb{L}^4$의 한 점을 다음과 같이 2×2 행렬로 나타낼 수 있다.

$$(t, x, y, z) \quad \Leftrightarrow \quad \begin{pmatrix} t+z & x+iy \\ x-iy & t-z \end{pmatrix}.$$

우변에 있는 행렬을 X라 하면 $X^\star := \bar{X}^T$가 X 자신과 같음을 알 수 있다. 즉 X는 에르미트 행렬이다. 모든 2×2 에르미트 행렬들의 집합을 $\mathcal{Herm}(2, \mathbb{C})$로 나타낸다. 그러면 임의의 에르미트 행렬은 반드시 위와 같은 꼴로 유일하게 나타낼 수 있다. 즉 위 관계는 $\mathbb{L}^4$와 $\mathcal{Herm}(2, \mathbb{C})$ 사이의 일대일 대응이다.

이 경우 표준 기저 벡터는 다음과 같다.

$$\begin{aligned} e_0 &= \begin{pmatrix} 1 & 0 \\ 0 & 1 \end{pmatrix}, \quad & e_1 &= \begin{pmatrix} 0 & 1 \\ 1 & 0 \end{pmatrix}, \\ e_2 &= \begin{pmatrix} 0 & i \\ -i & 0 \end{pmatrix}, \quad & e_3 &= \begin{pmatrix} 1 & 0 \\ 0 & 1 \end{pmatrix}. \end{aligned} \tag{1.1}$$

이러면 임의의 벡터 $V \in \mathcal{Herm}(2, \mathbb{C})$에 대하여

$$\langle V, V \rangle = -\det V.$$

두 벡터 V와 W의 내적은 다음과 같다.

$$\langle V, W \rangle = -\frac{1}{2}(\det(V+W) - \det V - \det W). \tag{1.2}$$

1.3 외적

정의 1.3.1. 세 벡터 $p, V, W \in \mathbb{C}^4_1$에 대하여 다음을 정의하자.

$$p \wedge V \wedge W := \begin{vmatrix} e_1 & e_2 & e_3 & -e_0 \\ p_1 & p_2 & p_3 & p_0 \\ V_1 & V_2 & V_3 & V_0 \\ W_1 & W_2 & W_3 & W_0 \end{vmatrix}. \tag{1.3}$$

이러면

$$\langle q, p \wedge V \wedge W \rangle = \begin{vmatrix} q_1 & q_2 & q_3 & q_0 \\ p_1 & p_2 & p_3 & p_0 \\ V_1 & V_2 & V_3 & V_0 \\ W_1 & W_2 & W_3 & W_0 \end{vmatrix}.$$

이로부터 $p \wedge V \wedge W$는 p, V, W 모두에 수직임을 알 수 있다. 또한 $e_0 \wedge e_1 \wedge e_2 = e_3$임도 쉽게 확인할 수 있다.

소정리 1.3.1. $p, V, W \in \mathscr{Herm}(2, \mathbb{C})$에 대하여

$$p \wedge V \wedge W = \frac{i}{2}(V \operatorname{adj}(p) W - W \operatorname{adj}(p) V). \tag{1.4}$$

여기서 $p = \begin{pmatrix} p_{11} & p_{12} \\ p_{21} & p_{22} \end{pmatrix}$일 때 $\operatorname{adj}(p) := \begin{pmatrix} p_{22} & -p_{12} \\ -p_{21} & p_{11} \end{pmatrix}$는 p의 수반행렬[2)]이다.

증명. 단순 직접 계산으로 확인할 수 있다. ■

참고 1.3.1. 위 표현은 *[36]*에 등장한 식을 조금 손 본 것이다. 이 식은 어딘가에 이미 나와 있을지 모르지만 하여간 필자가 스스로 찾아낸 것이며 스스로도 매우 신기하게 생각한다. 이 식이 참인

2) adjoint matrix

것이야 직접 계산으로 확인할 수 있는데 왜 이런 걸 생각해 내게 되었는가를 전달하는 건 조금 어려워 보인다. 계기는 쌍곡 공간의 뵤올링 문제를 생각하면서 $T_p\mathbb{H}^3(-1)$에 외적 구조가 필요하게 된 것이었다. 왼 이동 또는 오른 이동으로 $T_p\mathbb{H}^3(-1)$를 옮긴 $p^{-1}T_p\mathbb{H}^3(-1)$ 또는 $T_p\mathbb{H}^3(-1)p^{-1}$은 e_0에 수직이며 서로 직교하는 세 벡터의 선형결합으로 나타내어지는 공간이어서 $\mathbb{E}^3$의 외적과의 비교를 통하여 위 식을 찾아내게 되었다.

1.4 3차원 유클리드 공간의 회전

3차원 유클리드 공간의 기하를 들여다 봄에 있어서 굳이 4차원 로렌츠 공간을 이용할 필요는 없지만 가끔은 3차원 유클리드 공간을 $\mathscr{Herm}(2, \mathbb{C})$와 동일시한 4차원 로렌츠 공간의 부분집합으로 간주하는 것이 유용할 때가 있다. 다음을 보라.

소정리 1.4.1. $a_1, a_2, a_3, \theta \in \mathbb{R}$, $a_1^2 + a_2^2 + a_3^2 = 1$에 대하여

$$F := \cos\tfrac{\theta}{2}e_0 + i\sin\tfrac{\theta}{2}(a_1e_1 + a_2e_2 + a_3e_3) \in M(2, \mathbb{C})$$

라고 하면 $F \in \mathbf{SU}(2)$고

$$X \in \mathbb{E}^3 \mapsto FXF^\star \in \mathbb{E}^3$$

는 (a_1, a_2, a_3)를 축으로 하여 오른손 법칙을 따라 θ만큼 회전시키는 변환이다.

여기서

$$\mathbf{SU}(2) := \{F \in M(2, \mathbb{C}) : FF^\star = e_0\}.$$

증명. 기본적으로는 [4, 정리 2.7.1]의 증명을 그대로 따라하면 되는데 약간의 변형이 있어서 독자의 편의를 위하여 적어둔다. 먼저

(1.4)에 의하여 임의의 $U, V \in \mathbb{E}^3$에 대하여

$$U \times V = e_0 \wedge U \wedge V = \frac{i}{2}(UV - VU).$$

한편 다음도 성립한다.

$$UV + VU = 2\langle U, V\rangle e_0.$$

위 둘로부터 다음을 알 수 있다.

$$UV = \langle U, V\rangle e_0 - i\, U \times V. \tag{1.5}$$

이제 $u := a_1e_1 + a_2e_2 + a_3e_3$라고 하면 직접 계산에 의해 $u^2 = e_0$, $FuF^\star = u$임을 알 수 있다. $X \in \mathbb{E}^3 \mapsto FXF^\star \in \mathbb{E}^3$는 0을 0으로 보내며 향을 보존하는 등장사상이므로 이는 u를 축으로 하는 회전이다. 이 때 회전의 크기를 결정하기 위하여 v를 u와 수직인 단위 벡터라고 하자. 그러면 위 식 (1.5)에 의하여 $u \times v = iuv = -ivu$. $u, v, u \times v$는 양의 향을 가진 단위 직교 기저가 된다. 이제

$$FvF^\star = \cos\theta\, v + \sin\theta\, u \times v, \quad Fu \times vF^\star = -\sin\theta\, v + \cos\theta\, u \times v.$$

따라서 결론이 성립한다. ■

이 관찰은 물리학에서 말하는 기본 입자의 스핀을 해석하는 데에 있어 매우 유의미한 관점을 제공한다. 중요한 점은 $F \in \mathbf{SU}(2)$에 대하여 $FXF^\star = (-F)X(-F)^\star$여서 F와 $-F$가 모두 같은 회전을 준다는 것이다. 이는 결과적으로는 같은 회전이지만 F와 $-F$로 구분되는 두 가지 상태가 있다는 해석으로 연결된다. 부록 B를 보라. 수학적으로는 곡면의 스핀 변환이라는 것으로 연결되는데 이에 대해선 다음 기회에 서술하기로 한다.

제 2 장

3차원 유클리드 공간의 극소곡면론

2.1 공형 좌표계와 극소곡면

함수 $X \in \mathcal{F}(D, \mathbb{E}^3)$에 대하여 다음이 성립한다고 하자.[1)]

$$|X_u(u,v) \times X_v(u,v)| > 0 \quad \forall (u,v) \in D.$$

이러면 X를 정칙이라 한다. 이 때

$$N \in \mathcal{F}(D, \mathbb{E}^3), \qquad N(u,v) = \frac{X_u(u,v) \times X_v(u,v)}{\sqrt{|X_u(u,v) \times X_v(u,v)|}}$$

는 곡면에 수직인 단위 벡터가 된다.

$$E := \langle X_u, X_u \rangle, \quad F := \langle X_u, X_v \rangle, \quad G := \langle X_v, X_v \rangle,$$
$$\ell := \langle X_{uu}, N \rangle, \quad m := \langle X_{uv}, N \rangle, \quad n := \langle X_{vv}, N \rangle$$

라 할 때

$$I := Edu^2 + 2Fdudv + Gdv^2, \quad II := \ell du^2 + 2mdudv + ndv^2$$

를 각각 X의 첫째 기본 형식, 둘째 기본 형식이라 하고

$$K := \frac{\ell n - m^2}{EG - F^2}, \quad H := \frac{1}{2}\frac{En - 2Fm + G\ell}{EG - F^2}$$

을 각각 X의 가우스 곡률, 평균 곡률이라 한다.

정의 2.1.1. 곡면 조각 $X : \mathcal{U} \subset \mathbb{R}^2 \to \mathbb{E}^3$ 가 $E = G$, $F = 0$ 이면 X는 공형[2)]이다.

참고: $E = G$ 라고 하는 것은 두 좌표 벡터 X_u와 X_v 의 길이가 같다는 것이고 $F = 0$ 이라는 것은 X_u 와 X_v 가 서로 수직이라는 뜻이다.

---

1) 두 집합 A, B에 대하여 $\mathcal{F}(A, B)$는 A를 정의역으로 B를 치역으로 가지는 모든 함수들의 집합을 말한다.

2) conformal

예 2.1.1. 엔네퍼 [3]의 곡면*(1864년에 발견됨.)*[4]

$$X(u,v) = (u - \frac{u^3}{3} + uv^2,\ -v + \frac{v^3}{3} - vu^2,\ u^2 - v^2).$$

이러면

$$X_u(u,v) = (1 - u^2 + v^2,\ -2uv,\ 2u),$$
$$X_v(u,v) = (2uv,\ -1 + v^2 - u^2,\ -2v).$$

따라서

$$\langle X_u, X_u\rangle = \langle X_v, X_v\rangle, \qquad \langle X_u, X_v\rangle = 0.$$

정리 2.1.1. X가 공형이면 두 벡터 $X_{uu} + X_{vv}$ 와 N 은 서로 평행하다.

증명.

$$\begin{aligned}\langle X_{uu} + X_{vv}, X_u\rangle &= \langle X_{uu}, X_u\rangle + \langle X_{vv}, X_u\rangle \\ &= \frac{1}{2}\langle X_u, X_u\rangle_u + \langle X_v, X_u\rangle_v - \langle X_v, X_{uv}\rangle \\ &= \frac{1}{2}\langle X_u, X_u\rangle_u - \frac{1}{2}\langle X_v, X_v\rangle_u \\ &= 0.\end{aligned}$$

비슷한 방법으로 $\langle X_{uu} + X_{vv}, X_v\rangle = 0$. 따라서, 결론이 성립한다. ■

따름정리 2.1.1. X가 공형이면

$$X_{uu} + X_{vv} = 2EHN.$$

(즉 $X_{uu} + X_{vv}$와 N이 서로 평행하며 길이의 비가 $2EH$다.)

---

3) Enneper

4) 그림 A.1a

증명. 여러 정의와 가정으로부터

$$H = \frac{\ell + n}{2E} = \frac{\langle X_{uu}, N\rangle + \langle X_{vv}, N\rangle}{2E} = \frac{\langle X_{uu} + X_{vv}, N\rangle}{2E}.$$

따라서 앞의 정리로부터 결론이 유도된다. ■

따름정리 2.1.2. X가 공형이라 하자. 그러면

$$H = 0 \Leftrightarrow X_{uu} + X_{vv} = 0.$$

즉, X 는 조화로운 것은 X가 극소곡면이기 위한 필요충분조건이다.

여기서 극소곡면이란 모든 점에서 평균 곡률이 0인 곡면을 말한다. 이 이름의 의미에 대해선 양성덕의 미분기하강의 1편[6]을 참조하라.

증명. 앞의 정리에서 따라 나온다. ■

예 2.1.2. 앞의 예에서 나온 엔네퍼의 곡면을 보면

$$X_{uu} = (-2u,\ -2v,\ 2),$$
$$X_{vv} = (2u,\ 2v,\ -2).$$

즉, $X_{uu} + X_{vv}$는 $\vec{0}$이고 엔네퍼의 곡면은 극소곡면이다.

예 2.1.3. 나선면

$$X(u, v) = (\sinh u \cos v, \sinh u \sin v, v)$$

를 생각하면[5)]

$$X_u = (\cosh u \cos v, \cosh u \sin v, 0),$$
$$X_v = (-\sinh u \sin v, \sinh u \cos v, 1).$$

---

5) 그림 A.1b

따라서

$$E = \cosh^2 u = \sinh^2 u + 1 = G, \qquad F = 0.$$

그러므로 X는 공형이다. 한편,

$$X_{uu} = (\sinh u \cos v, \sinh u \sin v, 0),$$
$$X_{vv} = (-\sinh u \cos v, -\sinh u \sin v, 0).$$

따라서 X는 조화롭고 X는 결국 극소곡면이다.

이제 이런 함수 X를 어떻게 찾아내는지 생각해 보자. 공형 곡면이면서 극소곡면인 X에 대하여

$$h(z) := 2X_z(z), \qquad \phi(z) := 2X_z(z)dz = h(z)dz \tag{2.1}$$

라 하자. 이러면

$$\langle h, h\rangle = 4\langle X_z, X_z\rangle dz^2 = (E - G - 2Fi)\, dz^2. \tag{2.2}$$

따라서

$$\langle h, h\rangle = 0 \tag{2.3}$$

은 X가 공형이기 위한 필요충분조건이다. 이 경우 h와 ϕ는 비었다[6]고 한다. 한편

$$\frac{1}{2}(X_{uu} + X_{vv}) = 2(X_z)_{\bar{z}} = h_{\bar{z}}$$

이므로 h가 복소미분가능한 것은 X가 조화롭기 위한 필요충분조건이다. 요약하자면 X가 공형 극소곡면이면 (2.1)의 $h := 2X_z$는 복소벡터를 값으로 가지며 복소미분가능하고 비어있는 함수[7]다.

이제 이 역이 성립하는지 생각해 보자. 즉 h가 복소미분가능하고 빈, 즉 (2.3)을 만족시키는, 복소값을 가지는 함수일 때 (2.1)을 만

6) null

7) complex vector valued analytic and null 1-form

족시키는 공형이면서 조화로운 X가 있겠는가 하는 것이다. 있다. 주어진 h에 대하여

$$X(z) := \mathrm{Re}\,\Phi(z), \qquad \Phi(z) := \int_\gamma h(z)dz = \int_\gamma \phi$$

이라고 하면 이 X는 공형이면서 조화롭고 또한 (2.1)을 만족시킨다. 단 여기서 γ는 고정된 한 점 z_0에서 시작하여 z에서 끝나는 D의 미분가능곡선이다.

2.1.1 공형 좌표계의 존재성

극소곡면은 반드시 공형 좌표로 나타낼 수 있을까? 만약 그게 가능하지 않다면 앞의 논의는 조금 문제가 있다. 여기에 대하여 알아보자.

임의의 극소곡면에서 임의의 점을 선택하자. 필요하면 평행이동과 회전이동을 적용하여 그 점은 $(0,0,0)$이고 그 점에서 이 곡면의 단위법벡터는 $(0,0,1)$이라 할 수 있다. 그러면 $(0,0,0)$ 근방의 극소곡면은 다음 조건

$$f(0,0) = f_x(0,0) = f_y(0,0) = 0 \tag{2.4}$$

을 만족시키는 어떤 함수

$$f : D_\delta(0,0) := \{(x,y) \in \mathbb{R}^2 : x^2 + y^2 < \delta^2\} \to \mathbb{R}$$

의 그래프라고 할 수 있다. 이제 $D_\delta(0,0)$에서 $\mathbb{R}^2$로 가는 일대일함수 φ를 생각하라. $\varphi(D_\delta(0,0))$의 점을 (u,v)로 나타내자. 그러면 $(x,y) = \varphi^{-1}(u,v)$라 할 수 있다. 이를 $x = x(u,v), y = y(u,v)$로 나타내자. 그러면

$$X(u,v) := (x(u,v), y(u,v), f(x(u,v), y(u,v)))$$

에 위한 $\varphi(D_\delta(0,0)) \subset \mathbb{R}^2$의 이미지는 원래 f의 그래프와 같다. 자, 이제 우리의 문제를 다음과 같이 재설정할 수 있다.

문제 1: 이 X가 공형이 되는 φ가 존재할까?

여기에 대한 답을 생각해 보기 위해 그런 함수가 존재한다고 가정하면 어떤 결론을 내릴 수 있는지 알아보자. 먼저 $(u,v) = \varphi(x,y)$를 $u = u(x,y), v = v(x,y)$라고 할 때

$$\left|\frac{\partial(u,v)}{\partial(x,y)}\right|_{(x,y)=(0,0)} := \begin{vmatrix} u_x(0,0) & u_y(0,0) \\ v_x(0,0) & v_y(0,0) \end{vmatrix} \neq 0 \qquad (2.5)$$

이면 역함수의 정리에 의하여 $(x,y) = (0,0)$의 (조그마한) 근방에 역함수가 존재하고

$$\begin{pmatrix} x_u & x_v \\ y_u & y_v \end{pmatrix} = \begin{pmatrix} u_x & u_y \\ v_x & v_y \end{pmatrix}^{-1} = \frac{1}{u_x v_y - u_y v_x} \begin{pmatrix} v_y & -u_y \\ -v_x & u_x \end{pmatrix}$$

임이 알려져 있다. 그리고 간단한 계산에 의하여 다음을 알 수 있다.

$$\begin{aligned} E &:= X_u \cdot X_u = (1+f_x^2)x_u^2 + 2f_x f_y x_u y_u + (1+f_y^2)y_u^2, \\ F &:= X_u \cdot X_v = (1+f_x^2)x_u x_v \\ &\qquad\qquad + f_x f_y(x_u y_v + x_v y_u) + (1+f_y^2)y_u y_v, \\ G &:= X_v \cdot X_v = (1+f_x^2)x_v^2 + 2f_x f_y x_v y_v + (1+f_y^2)y_v^2. \end{aligned}$$

$Q_f := \begin{pmatrix} 1+f_x^2 & f_y f_y \\ f_y f_x & 1+f_y^2 \end{pmatrix}$ 라고 하면 위 식은 다음과 같다:

$$E = \begin{pmatrix} x_u & y_u \end{pmatrix} Q_f \begin{pmatrix} x_u \\ y_u \end{pmatrix},$$

$$F = \begin{pmatrix} x_u & y_u \end{pmatrix} Q_f \begin{pmatrix} x_v \\ y_v \end{pmatrix},$$

$$G = \begin{pmatrix} x_v & y_v \end{pmatrix} Q_f \begin{pmatrix} x_v \\ y_v \end{pmatrix}.$$

그러므로 공형 조건 $E = G, F = 0$은 다음과 같이 두 함수 u, v에 대한 조건으로 바뀐다.

$$\begin{pmatrix} v_y & -v_x \end{pmatrix} Q_f \begin{pmatrix} v_y \\ -v_x \end{pmatrix} = \begin{pmatrix} u_y & -u_x \end{pmatrix} Q_f \begin{pmatrix} u_y \\ -u_x \end{pmatrix}, \tag{2.6}$$

$$\begin{pmatrix} v_y & -v_x \end{pmatrix} Q_f \begin{pmatrix} u_y \\ -u_x \end{pmatrix} = 0. \tag{2.7}$$

즉 우리 문제는 다음 질문과 같다.

질문 2.1.1. 주어진 극소곡면 함수 f에 대하여 (2.5), (2.6), (2.7)을 모두 만족시키는 $u = u(x, y), v = v(x, y)$가 존재하는가?

이를 어떻게 해결할까? 그런 u, v가 있다고 하면 어떤 일이 생기는지 살펴보자. 두 식 (2.6), (2.7)을 잘 보면 v_x, v_y를 u_x, u_y의 식으로 구할 수 있음을 알 수 있다. (여기서 f는 고정된 함수기 때문에 상수처럼 취급한다.) 이 때 항등식 $0 = (v_x)_y - (v_y)_x$를 이용하면 u에 관한 어떤 조건식을 얻게 될 텐데 그것으로부터 u에 관한 어떤 결론을 내릴 수 있지 않나 추리해 본다. 계산해 보자.

$$\begin{pmatrix} a \\ b \end{pmatrix} := Q_f \begin{pmatrix} u_y \\ -u_x \end{pmatrix},$$

$$A := \begin{pmatrix} b & -a \end{pmatrix} Q_f \begin{pmatrix} b \\ -a \end{pmatrix},$$

$$B := \begin{pmatrix} u_y & -u_x \end{pmatrix} Q_f \begin{pmatrix} u_y \\ -u_x \end{pmatrix}$$

라고 하면 (2.6), (2.7)로부터 다음을 알 수 있다. (단 복호동순)

$$v_x = \pm a\sqrt{B/A}, \qquad v_y = \pm b\sqrt{B/A}. \tag{2.8}$$

수식을 간단하게 나타내기 위하여 다음 기호를 정의하자.

$$D_f[\alpha] := (1+f_x^2)\alpha_{yy} - 2f_x f_y \alpha_{xy} + (1+f_y^2)\alpha_{xx}.$$

이제 (2.8)로부터 (매쓰매티카를 이용해 계산해 보면) 다음을 알 수 있다.

$$\begin{aligned}&(v_x)_y - (v_y)_x \\ &\qquad = \pm\frac{-(1+f_x^2+f_y^2)D_f[u] + D_f[f](f_x u_x + f_y y_y)}{(1+f_x^2+f_y^2)^{3/2}}.\end{aligned}$$

따라서 식

$$D_f[u] - \frac{D_f[f]f_x}{1+f_x^2+f_y^2}u_x - \frac{D_f[f]f_y}{1+f_x^2+f_y^2}u_y = 0 \tag{2.9}$$

이 성립하는 것은 (2.8)을 만족시키는 v가 존재하기 위한 필요충분조건이다.

여기서 f가 극소곡면 함수인 것은 $D_f[f] = 0$이기 위한 필요충분조건이다. 따라서 주어진 f에 대하여 $D_f[u] = 0$을 만족시키는 $u = u(x, y)$가 존재하면 그 u에 대하여 식 (2.8)를 만족시키는 v가 존재하게 된다.

그런데 우리는 $D_f[u] = 0$을 만족시키는 u를 이미 하나 알고 있다. 그것은 바로 f다. 따라서 u를 f로 정하면 될 것으로 생각될 수 있는데 안타깝게도 그렇게 하면 (2.5)의 성립 여부를 판가름하는 데에 문제가 발생한다. 식 (2.8)를 이용하면 야코비 행렬식을 u(와 f)만의 식으로 표현할 수 있을텐데 실제로 계산해 보면 다음과 같다.

$$\left|\frac{\partial(u,v)}{\partial(x,y)}\right| = -\frac{\begin{pmatrix} u_x & u_y \end{pmatrix} Q_f \begin{pmatrix} u_x \\ u_y \end{pmatrix}}{\sqrt{1+f_x^2+f_y^2}}. \tag{2.10}$$

만약 $u = f$면 $u_x(0,0) = u_y(0,0) = 0$이기 때문에 $(x,y) = (0,0)$일 때 위 값은 0이다. 즉 (2.5)가 성립하지 않는다.

그런데, 다행히 $u(x,y) := x + f(x,y)$라 하면 모든 문제가 해결된다. 이러면 u는 여전히 식 (2.9)의 해다! 더군다나 $u_x(0,0) = 1$, $u_y(0,0) = 0$이어서 야코비 행렬식의 값이 1이 된다! (여기서 조건 (2.4)를 쓴다.)

그런데 여기서 u의 꼴에 대하여 다음과 같은 생각을 할 수 있다. 사실 원래 좌표계 (x,y)를 보면 이는 $Y(x,y) := (x,y,f(x,y))$이고 이를 이용하면 원점에서는 공형조건이 성립함을 알 수 있다. 즉

$$E_Y(0,0) = G_Y(0,0), \quad F_Y(0,0) = 0.$$

연속성에 의하여 사실 $D_\delta(0,0)$에서는 $E \sim G, F \sim 0$이라고 유추할 수 있으며 따라서 우리가 찾고 있는 공형 좌표계는 $u \sim x, y \sim v$라고 할 수 있다. 따라서 위와 같이 $u(x,y) := x + f(x,y)$라고 하는 것은 x를 조금 변화시켜 얻어낸 것이라고 할 수 있다.

예제 2.1.1. 위 과정에 비추어 볼 때 v는 어떤 g에 대하여 $v(x,y) = y + g(x,y)$라고 할 수 있겠다. 이 함수 g는 f와 관련하여 어떤

성질을 갖고 있을까?

이제까지의 논의를 종합하여 다음 결론을 얻을 수 있다.

소정리 2.1.1. 극소곡면에 대하여 공형좌표는 항상 존재한다.

그런데 사실 위 식 (2.9)는 임의의 f에 대하여 (즉 f가 극소곡면 함수가 아니어도) 이계 선형 타원형 편미분방정식이며 이에 대하여 항상 해 u가 존재함이 알려져 있다. 따라서 다음을 얻는다.

소정리 2.1.2. 임의의 곡면에 대하여 공형좌표는 항상 존재한다.

참고 2.1.1. 위 증명은 내가 독자적으로 생각해 낸 것이나 분명히 누군가가 이미 생각해 냈을 것이다. 등온 좌표계의 존재성을 증명하고자 하면 매우 자연스럽게 위와 같이 생각할 수 밖에 없기 때문이다. 사실 아무 자료도 참고하지 않고 내 스스로 유도해 냈다고 해서 나의 독자적인 증명이라고 할 수도 없을 것이다. 왜냐하면 극소곡면은 등온 좌표계를 허용한다는 증명을 이미 여러 번 본 적이 있는데 틀림없이 그 잔상이 내 머리에 있어 위와 같은 증명을 생각해 냈을 것이다. 등온 좌표계의 존재성에 대한 증명은 가우스, 천 등을 포함하여 꽤 여러 유명 수학자가 제시하였는데 약간의 역사를 위키 *[69]*에서 찾아 볼 수 있다.

예제 2.1.2. $\mathbb{E}^3$의 곡면에 주어지는 계량기만이 아니라 임의의 추상적 리만 계량기 $ds^2 = Edx^2 + 2Fdxdy + Gdy^2$에 대해서도 공형좌표계가 존재함을 보여라.

2.2 엔네퍼-바이에르스트라스 표현식

복소함수론을 잠깐 살펴보았는데 이제 극소곡면으로 다시 관심을 돌리자. 먼저 다음 정리를 살펴보자.

정리 2.2.1. 세 복소함수 $h_i : \mathcal{U} \subset \mathbb{C} \to \mathbb{C}$, $i = 1, 2, 3$가

1. 미분가능하고 (즉, $\frac{dh_i}{dz}$가 존재하고)

2. 비었으면 (즉, $h_1^2 + h_2^2 + h_3^2 = 0$이면)

다음 $X : \mathcal{U} \subset \mathbb{R}^2 \to \mathbb{E}^3$는 극소곡면이 된다.

$$X(u, v) := (\mathrm{Re}\,\Phi_1(u+iv), \mathrm{Re}\,\Phi_2(u+iv), \mathrm{Re}\,\Phi_3(u+iv))$$
$$\Phi_i(u+iv) = \Phi_i(z) := \int h_i dz.$$

예 2.2.1. $h_1(z) = 1 - z^2, \quad h_2(z) = i(1+z^2), \quad h_3(z) = 2z.$

$$\begin{aligned}
&\Rightarrow h_1^2 + h_2^2 + h_3^2 = 1 - 2z^2 + z^4 - (1 + 2z^2 + z^4) + 4z^2 = 0.\\
&\Rightarrow \Phi_1 = z - \frac{1}{3}z^3, \quad \Phi_2 = i\left(z + \frac{1}{3}z^3\right), \quad \Phi_3 = z^2.\\
&\Rightarrow X_1 = \mathrm{Re}\left((u+iv) - \frac{1}{3}(u+iv)^3\right)\\
&\qquad = \mathrm{Re}\left(u + iv - \frac{1}{3}(u^3 + 3u^2vi - 3uv^2 - v^3 i)\right)\\
&\qquad = u - \frac{1}{3}(u^3 - 3uv^2) = u - \frac{u^3}{3} + uv^2,\\
&\quad X_2 = \mathrm{Re}\, i\left((u+iv) + \frac{1}{3}(u+iv)^3\right) = -v + \frac{v^3}{3} - u^2 v,\\
&\quad X_3 = \mathrm{Re}(u+iv)^2 = u^2 - v^2.
\end{aligned}$$

이것은 엔네퍼의 곡면이다.

예 2.2.2. $(h_1, h_2, h_3) = (1 - z^{-2},\, i(1 + z^{-2}),\, 2z^{-1})$

$$\begin{aligned}
&\Rightarrow \int (h_1, h_2, h_3) = (z + z^{-1},\, i(z - z^{-1}),\, 2\log z) \\
&\Rightarrow X(z) = \mathrm{Re}\ (z + z^{-1},\, i(z - z^{-1}),\, 2\log z) \\
&\qquad\quad = \left((r + \frac{1}{r}) \cos\theta,\, -(r + \frac{1}{r}) \sin\theta,\, 2\log r \right).
\end{aligned}$$

자, 이 곡면은 어떻게 생겼을까? 먼저 $r = 1$인 원의 이미지는 $(2\cos\theta, -2\sin\theta, 0)$ 가 되어 반지름이 2인 xy-평면의 원이다. 다른 부분의 이미지를 살펴보기 위해서 다른 변수를 도입하자. $u = \ln r$로 정의하면 위 식에서 $r = e^u$. 따라서,

$$r + r^{-1} = e^u + e^{-u} = 2\cosh u.$$

그래서

$$\begin{aligned}
X &= (2\cosh u \cos\theta,\, -2\cosh u \sin\theta,\, 2u) \\
&= 2(\cosh u \cos\theta,\, -\cosh u \sin\theta,\, u).
\end{aligned}$$

이것은 현수면이다. [8)]

예 2.2.3.

$$\begin{aligned}
(h_1, h_2, h_3) &= (i(1 - z^{-2}),\, i^2(1 + z^{-2}),\, i2z^{-1}) \\
&= i \times \text{현수면에 해당하는 데이터}.
\end{aligned}$$

8) 그림 A.1c

이러면 $z = re^{i\theta}$라 할 때

$$X(z) = \text{Re} \int (h_1,\, h_2,\, h_3) = \text{Re}\ i\left(z + \frac{1}{z},\ i(z - \frac{1}{z}),\ 2\log z \right)$$
$$= \text{Re}\ i\left(r\cos\theta + ri\sin\theta + \frac{1}{r}\cos\theta - i\frac{1}{r}\sin\theta, \right.$$
$$\left. i(r\cos\theta + ir\sin\theta - \frac{1}{r}\cos\theta + \frac{i}{r}\sin\theta),\ 2\ln r + 2i\theta \right)$$
$$= (-r\sin\theta + \frac{1}{r}\sin\theta,\ -r\cos\theta + \frac{1}{r}\cos\theta,\ -2\theta)$$
$$= \left((\frac{1}{r} - r)\sin\theta,\ (\frac{1}{r} - r)\cos\theta,\ -2\theta \right)$$
$$= \left(\frac{1}{r} - r \right)(\sin\theta, \cos\theta, 0) + (0, 0, -2\theta).$$

이것은 나선면이다.

예 2.2.4.

$$(h_1,\, h_2,\, h_3) = e^{i\alpha}((1-z)^{-2},\ i(1+z^{-2}),\ 2z^{-1}) \quad \alpha \in \mathbb{R}$$

$\alpha = 0$: 현수면

$\alpha = \frac{\pi}{2}$: 나선면

$0 < \alpha < \frac{\pi}{2}$: 현수면과 나선면 '사이'의 곡면.

정리 2.2.1의 증명. $Y := (\text{Im}\,\Phi_1, \text{Im}\,\Phi_2, \text{Im}\,\Phi_3)$라 하자. 그러면 $\Phi = X + iY$. 따라서

$$h = \Phi_z = \Phi_u = X_u + iY_u = X_u - iX_v = 2X_z.$$

따라서

$$\begin{aligned} 0 &= h_1^2 + h_2^2 + h_3^2 = \langle h, h \rangle \\ &= \langle X_u - iX_v, X_u - iX_v \rangle \\ &= \langle X_u, X_u \rangle - i\langle X_u, X_v \rangle - i\langle X_v, X_u \rangle - \langle X_v, X_v \rangle \\ &= E - G - 2iF. \end{aligned}$$

따라서, $E - G = 0, F = 0$이어서 X는 공형이다.

자, 이제 X가 조화로움, 즉 $\vec{X}_{uu} + \vec{X}_{vv} = \vec{0}$임을 보이기만 하면 된다. 이를 위해 다음을 살펴보자.

$$\vec{X}_{uu} = (\vec{X}_u)_u = (\vec{Y}_v)_u = (\vec{Y}_u)_v = (-\vec{X}_v)_v = -\vec{X}_{vv}.$$

여기서 두 번째, 네 번째 등호는 코시-리만 방정식에 의해 성립한다. 따라서 $\vec{X}$는 조화롭다. ■

문제: 이제 극소곡면을 찾는 문제는 다음 문제로 귀결된다: 정리 2.2.1에 나오는 두 조건을 만족시키는 h_1, h_2, h_3를 어떻게 찾아낼까? 앞에서 공부했던 여러가지 예로부터 다음과 같은 특수한 경우를 알 수 있다.

$$\begin{aligned} h &:= (1 - z^2,\ i(1 + z^2),\ 2z), \\ h &:= (1 - \sin^2 z,\ i(1 + \sin^2 z),\ 2\sin z), \\ h &:= (1 - i^2(z),\ i(1 + i^2(z)),\ 2i(z)). \end{aligned}$$

단, i는 임의의 복소미분가능한 함수다.

정리 2.2.1에 나오는 두 조건을 만족시키는 h_1, h_2, h_3를 모두 찾아내려면 어떻게 하면 될까? 조금만 생각해 보면 한 가지 대수 방정식 $h_1^2 + h_2^2 + h_3^2 = 0$을 만족하는 세 함수 h_1, h_2, h_3를 찾는 문제이므로 자유도가 2인 문제임을 알 수 있다. 즉 2개의 임의의 함수를 매개로 하는 답이 존재할 것이라고 생각할 수 있다. 그래서 다음과 같이 진행해 본다.

답1) 복소미분가능한 임의의 두 함수 α,β를 선택한 후

$$h_1 := \alpha, \quad h_2 := \beta, \quad h_3 := \sqrt{-\alpha^2-\beta^2}$$

라 하면 한 가지 답이 얻어진다. 하지만 이는 함수가 아닌 $f(z) := \sqrt{z}$을 썼다는 점에서 받아들이기가 쉽지 않다.[9)]

답2) 임의의 복소미분가능한 두 함수 f와 g가 있을 때

$$h_1 := (1-g^2)f, \quad h_2 := i(1+g^2)f, \quad h_3 := 2gf \tag{2.11}$$

라 하면 당연히 $h_1^2+h_2^2+h_3^2=0$. 역으로, $h_1^2+h_2^2+h_3^2=0$인 h_1, h_2, h_3는 어떤 f와 g에 대해서 (2.11)와 같이 쓰여짐을 보이자. $h_1^2+h_2^2+h_3^2=0$ 일 때,

$$g := \frac{h_3}{h_1-ih_2} \quad f := \frac{1}{2}(h_1-ih_2)$$

라 하면, 당장 $h_3 = 2fg$. 한편

$$g = \frac{h_3}{h_1-ih_2}\cdot\frac{h_1+ih_2}{h_1+ih_2} = \frac{h_3(h_1+ih_2)}{h_1^2+h_2^2} = -\frac{1}{h_3}(h_1+ih_2).$$

따라서

$$-gh_3 = h_1+ih_2.$$

$2f$와 $-gh_3$를 더하면 $2h_1 = 2f-gh_3$. 따라서

$$h_1 = \frac{1}{2}(2f-gh_3) = (1-g^2)f.$$

$2f$에서 $-gh_3$를 빼면 $-2ih_2 = 2f+gh_3$. 따라서

$$h_2 = \frac{-1}{2i}(2f+gh_3) = i(1+g^2)f.$$

9) $f(z) := \sqrt{z}$는 함수가 아니라 다가함수(multi-valued function)다.

즉 (2.11)에 주어진 표현식이 얻어진다. 위의 사실로부터 다음이 얻어진다.

정리 2.2.2 (엔네퍼-바이에르스트라스 표현식). 복소미분가능한 임의의 두 함수 $f, g : \mathcal{U} \subset \mathbb{C} \to \mathbb{C}$가 있을 때, 다음 곡면 X는 극소곡면이다.

$$X(z) := \mathrm{Re} \int_\gamma \Big((1-g^2), i(1+g^2), 2g \Big) f dz. \tag{2.12}$$

참고 2.2.1. 이 글이 학생을 위한 강의록이라는 점에서 f와 g 사이에 성립해야 하는 중요한 관계를 의도적으로 생략하였다. 생략된 관계는 대부분의 경우에 무시해도 좋으나 완벽한 이론을 원하는 이는 참고 문헌을 꼭 들여다 보기 바란다. 또한 위 내용의 역도 성립하나 이 강의록의 수준을 넘는 부분이 있어 생략하고 넘어간다.

예 2.2.5. 기존의 예를 분석하여 다음을 알 수 있다.

$$\begin{aligned} f(z) = 1,\ g(z) = z \quad &\Rightarrow \quad \text{엔네퍼의 곡면.} \\ f(z) = 1,\ g(z) = \frac{1}{z} \quad &\Rightarrow \quad \text{현수면.} \\ f(z) = i,\ g(z) = \frac{1}{z} \quad &\Rightarrow \quad \text{나선면.} \end{aligned}$$

예 2.2.6. $g = 1$ 이면 $\frac{1}{2}(1-g^2)f = 0$ 이 된다. 적분하면 상수. 따라서 X의 x 성분이 상수이므로 X는 평면이다. 일반적으로 g가 항등함수면 X는 평면이다.

이 절의 내용에 대하여 더 자세히 알고 싶으면 예를 들어 [40]을 참고하면 된다.

더 진행하기 전에 여기서 중요한 점 하나만 설명하겠다. 복소함수의 적분은 실함수의 적분과 조금 다른 부분이 있다. 예를 들어

$\int \frac{1}{z}dz$를 생각해 보면 이건 단순히 생각하였을 때 $\log z + z_0$라고 생각할 수 있다. 그렇게 틀리지는 않지만 여기서 문제는 $\log z$가 함수가 아니라는 데에 있다. $\log z$는 함수가 아니며 다가함수다. 함수를 적분해서 함수가 아닌 것이 나오는 게 복소함수를 적분하였을 때 등장하는 특징이다. 따라서 이걸 잘 해석할 수 있어야 하는데 그럴려면 위 적분 자체를 부정적분이 아닌 선적분으로 해석해야 한다.

2.3 바이에르스트라스 자료로 가우스 사상 나타내기

식 (2.12)로 쓰여진 극소곡면이 있다 하자. 이 때 쓰인 함수 g는 X로 주어지는 곡면에 대한 특별한 기하적 의미를 가지고 있다. 이를 살펴보기로 하자. 이는 다음에 설명되는 입체사영과 관련이 있다.([7, 5장 2절] 참조)

단위구의 북극점 $(0,0,1)$을 이용한 입체사영의 식은 다음과 같으며

$$S(x,y,z) = \left(\frac{x}{1-z}, \frac{y}{1-z}\right).$$

이의 역은 다음과 같다.

$$S^{-1}(\alpha,\beta) = \left(\frac{2\alpha}{\alpha^2+\beta^2+1}, \frac{2\beta}{\alpha^2+\beta^2+1}, \frac{\alpha^2+\beta^2-1}{\alpha^2+\beta^2+1}\right).$$

자, 바이에르스트라스 표현식에서 g의 기하적 의미를 설명하는 정리는 입체사영과 연관되어 다음과 같이 쓰여진다.

정리 2.3.1. X가 (2.12)로 쓰여진 극소곡면, N이 가우스 사상, S가 입체사영이면

$$g = S \circ N \circ X.$$

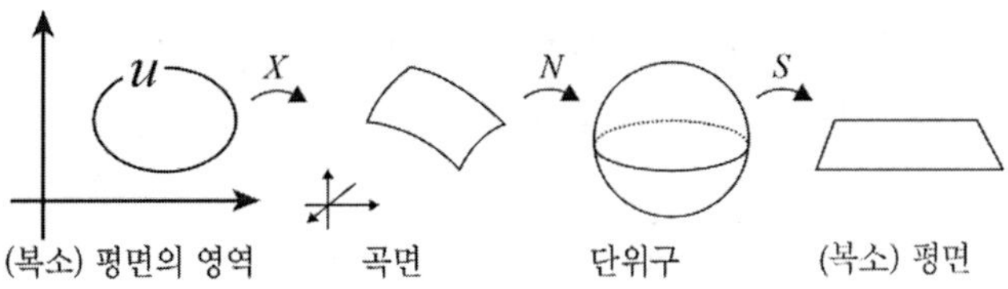

증명. 정리 2.2.1의 증명에서 $h = \Phi_z = X_u - iX_v$ 임을 살펴 보았다. 따라서

$$h \times \bar{h} = (X_u - iX_v) \times (X_u + iX_v) = 2i(X_u \times X_v).$$

그러므로

$$\begin{aligned} X_u \times X_v &= -\frac{i}{2}(h \times \bar{h}) \\ &= -\frac{i}{2}\begin{vmatrix} i & j & k \\ (1-g^2)f & i(1+g^2)f & 2gf \\ (1-\bar{g}^2)\bar{f} & -i(1+\bar{g}^2)\bar{f} & 2\bar{g}\bar{f} \end{vmatrix} \\ &= -\frac{i}{2}f\bar{f}\begin{vmatrix} i & j & k \\ (1-g^2) & i(1+g^2) & 2g \\ (1-\bar{g}^2) & -i(1+\bar{g}^2) & 2\bar{g} \end{vmatrix} \\ &= |f|^2(1+|g|^2)\,(g+\bar{g}, (-i)(g-\bar{g}), g\bar{g}-1)\,. \end{aligned}$$

이제 다음 결론이 얻어진다.

$$\begin{aligned} N \circ X = \frac{X_u \times X_v}{|X_u \times X_v|} &= \left(\frac{g+\bar{g}}{|g|^2+1}, \frac{(-i)(g-\bar{g})}{|g|^2+1}, \frac{|g|^2-1}{|g|^2+1}\right) \\ &= \left(\frac{2\,\mathrm{Re}\,g}{|g|^2+1}, \frac{2\,\mathrm{Im}\,g}{|g|^2+1}, \frac{|g|^2-1}{|g|^2+1}\right). \end{aligned}$$

이 식으로부터 식 $S \circ N \circ X = (\mathrm{Re}\,g, \mathrm{Im}\,g)$이 얻어진다. 이제 $(\mathrm{Re}\,g, \mathrm{Im}\,g)$를 복소평면의 점으로 보면 $\mathrm{Re}\,g + i\,\mathrm{Im}\,g = g$가 되므로 원하는 결론이 얻어진다. ■

문제 2.3.1. 현수면, 나선면, 엔네퍼의 곡면 등에 대해 g가 무엇인지 살펴보고 위 내용이 참임을 확인하여라.

2.4 바이에르스트라스 자료로 기본형식 나타내기

$X : \mathcal{U} \subset \mathbb{C} \to \mathbb{E}^3$ 이고 $X = \mathrm{Re}\int_\gamma \phi$ 라고 하자. 곡면론의 기본정리를 통해 알아본 바와 같이, 첫째 기본형식과 둘째 기본형식만 알면 곡면을 결정할 수 있다. 따라서 위 식으로 주어진 극소곡면의 기본형식을 계산할 수 있으면 좋은데 지금 곡면은 완전히 f와 g로 결정되고 있으므로 기본형식을 f와 g로 계산할 수 있으면 좋겠다.

첫째기본형식은 다음과 같이 계산된다.

$$\begin{aligned} I = ds^2 = \langle dX, dX\rangle &= \langle X_z dz + X_{\bar z} d\bar z, X_z dz + X_{\bar z} d\bar z\rangle \\ &= \langle X_z, X_z\rangle dz^2 + 2\langle X_z, X_{\bar z}\rangle dz\, d\bar z + \overline{\langle X_z, X_z\rangle} d\bar z^2. \end{aligned}$$

이제 다음을 관찰한다.

$$\begin{aligned} X_z &= \frac{1}{2}(h_1, h_2, h_3) = \frac{1}{2} f\left(1 - g^2, i(1+g^2), 2g\right), \\ X_{\bar z} &= \frac{1}{2}\bar f\left(1 - \bar g^2, -i(1+\bar g^2), 2\bar g\right). \end{aligned}$$

따라서

$$\begin{aligned} I = 2\langle X_z, X_{\bar z}\rangle dz\, d\bar z &= \left(1 + |g|^2\right)^2 |f|^2 |dz|^2 \\ &= \left(1 + |g|^2\right)^2 |\omega|^2 \end{aligned}$$

이 공간에서 호프 미분 형식 Q는 다음과 같이 정의된다.

정의 2.4.1. 임의의 공형 곡면 X에 대하여

$$Q := -\langle X_z, N_z\rangle dz^2. \tag{2.13}$$

이것과 둘째 기본 형식 II와의 관계를 살펴보자.

$$\begin{aligned} II &= -\langle dX, dN\rangle = -\langle X_z dz + X_{\bar z} d\bar z, N_z dz + N_{\bar z} d\bar z \\ &= -\langle X_z, N_z\rangle dz^2 - \overline{\langle X_z, N_z\rangle dz^2} \\ &\qquad - (\langle X_z, N_{\bar z}\rangle + \langle X_{\bar z}, N_z\rangle) dz d\bar z. \end{aligned}$$

여기서 $\langle X_z, N\rangle = 0$을 $\bar z$로 미분하면

$$\langle X_z, N_{\bar z}\rangle = -\langle X_{z\bar z}, N\rangle = -2EH = 0.$$

따라서 다음을 얻는다.

소정리 2.4.1. 공형 극소곡면 X의 둘째 기본 형식을 II, 호프 미분 형식을 Q라 하면

$$II = Q + \bar Q = 2\,\mathrm{Re}\, Q.$$

이제 호프 미분 형식을 바이에르스트라스 자료를 이용하여 표현하여 보자. 먼저 다음 식을 보자.

$$-\langle X_z, N_z\rangle dz^2 = -\langle X_z dz, N_z dz\rangle = -\langle X_z dz, N_g dg\rangle$$

그런데

$$\begin{aligned} X_z dz &= \frac{1}{2}\phi = \frac{1}{2}\left(1 - g^2, i(1+g^2), 2g\right)\omega, \\ N &= \left(\frac{g+\bar g}{g\bar g + 1}, \frac{-i(g-\bar g)}{g\bar g + 1}, \frac{g\bar g - 1}{g\bar g + 1}\right). \end{aligned}$$

로부터 다음을 얻는다.

$$\langle X_z dz, N_g\rangle = \omega, \qquad \langle \overline{X_z dz}, N_g\rangle = 0.$$

따라서 다음을 얻는다.

소정리 2.4.2.

$$Q = \omega dg.$$

제 3 장

3차원 유클리드 공간의 극소곡면의 대칭성

3.1 뵤올링의 문제

질문 3.1.1. 주어진 곡선 γ와 γ를 따라 정의되었으며 γ에 수직인 단위벡터 N에 대하여 γ를 포함하며 N에 수직인 극소곡면이 있겠는가?

이것이 뵤올링이 1844년에 제기하고 답을 제시한 문제다.

이 문제의 풀이는 쉽다. 그러면서도 극소곡면에 대한 중요한 성질을 하나 이야기하는데 그걸 알아보자.

먼저 그런 곡면이 있다고 하자. 곡면에 대하여 공형이며 조화로운 X가 있어 다음을 만족시킨다고 하자.

$$X(u,0) = \gamma(u), \qquad \frac{X_u(u,0) \times X_v(u,0)}{|X_u(u,0) \times X_v(u,0)|} = N(u).$$

여기서 두 번째 식은 다음과 동치다.

$$X_v(u,0) = N(u) \times X_u(u,0).$$

따라서 다음을 얻게 된다.

$$X_u(u,0) - iX_v(u,0) = \dot{\gamma}(u) - iN(u) \times \dot{\gamma}(u).$$

여기서 좌변에 있는 건 어디서 나오는가? 다음 관계식에서 나온다. 주어진 빈 복소해석적 함수 h에 대하여 극소곡면

$$X(z) = Re \int^z h(z)dz$$

를 생각하라. 그러면 다음 관계가 성립한다.

$$X_z(z) := \frac{1}{2}(X_u - iX_v) = 2h(z).$$

이 때 h는 해석적임에 주목하라. 해석적 함수는 여러 가지 매우

좋은 성질들을 가지고 있는데 그 중 하나는 해석적 연속 원칙[1)]이라는 것인데 쉽게 말하면 $z = u + iv$라 할 때 u-축에서의 값만 알면 전체에서의 값을 알 수 있다는 것이다.

주어진 해석적 곡선 γ와 단위수직벡터 N을 생각하라. 그러면 $\dot\gamma$와 $N \times \dot\gamma$에 대하여 다음을 생각하라.

$$u \mapsto \dot\gamma(u) - iN \times \dot\gamma(u).$$

이는 빈 복소해석적이다. 이의 해석적 확장은 h가 된다. 이 h로부터 X를 만들어 낼 수 있다.

질문 3.1.2. 현수면을 뵤올링의 문제로부터 만들어내 보아라.

질문 3.1.3. 나선면을 뵤올링의 문제로부터 만들어내 보아라.

3.2 극소곡면의 대칭성

정리 3.2.1 (극소곡면의 대칭성). 다음이 성립한다.

- *(면대칭)* 극소곡면이 어떤 평면과 수직으로 만나면 그 극소곡면은 그 평면에 대하여 대칭이다.
- *(선대칭)* 극소곡면이 어떤 선분을 포함하고 있으면 그 극소곡면은 그 선분을 포함하는 직선에 대하여 대칭이다.

이에 대한 증명은 여러 극소곡면 책에 잘 나와 있다. 예를 들어 [40]을 보라.

여기서는 보욜링의 표현식과 관련하여 위 대칭성을 살펴 본다. 먼저 다음을 떠올리자.

---

1) analytic continuation principle

소정리 3.2.1 (슈바르츠 대칭원리). 실축 $I \subset \mathbb{C}$를 포함하는 영역에서 복소해석함수 h_i가 사실은 $h_i(u)$는 실수라고 하자. 그러면

$$h_i(\bar{z}) = \overline{h_i(z)}.$$

따름정리 3.2.1. 실축 $I \subset \mathbb{C}$를 포함하는 영역에서 복소해석함수 h_i가 사실은 $h_i(u)$는 순허수라고 하자. 그러면

$$h_i(\bar{z}) = -\overline{h_i(z)}.$$

직선 $\gamma(u) = (0, 0, \alpha(u))$가 극소곡면에 포함되어 있다고 하자. γ를 따라 단위수직벡터가 N 이라고 하면 N은 $(\beta(u), \gamma(u), 0)$의 꼴이다.

따라서

$$\begin{aligned} h(u) &= \dot{\gamma}(u) - iN \times \dot{\gamma} \\ &= (0, 0, \dot{\alpha}) - i(\beta, \gamma, 0) \times (0, 0, \dot{\alpha}) \\ &= (-i\gamma(u), i\beta(u), 1)\dot{\alpha}(u). \end{aligned}$$

그러면

$$h(z) = (h_1(z), h_2(z), h_3(z))$$

이라고 할 때 u-축에서 h_1, h_2는 순허수의 값을 가지며 h_3은 실수의 값을 가진다. 따라서

$$(h_1(\bar{z}), h_2(\bar{z}), h_3(\bar{z})) = (-\overline{h_1(z)}, -\overline{h_2(z)}, \overline{h_3(z)}).$$

이러면

$$\left(\int h_1, \int h_2, \int h_3\right) = \left(-\overline{\int h_1}, -\overline{\int h_2}, \overline{\int h_3}\right).$$

따라서

$$(x(\bar{z}), y(\bar{z}), z(\bar{z})) = (-x(z), -y(z), z(z)).$$

이는 곡면이 z-축에 대하여 선대칭임을 의미한다.

이제 곡면의 면대칭성에 대하여 알아보자. 곡선 $\gamma(u) = (\alpha(u), \beta(u), 0)$가 곡면에 포함되어 있고 단위법벡터 또한 xy-평면에 포함되어 있다고 하자. 그러면

$$h(u) = \dot{\gamma}(u) - iN \times \dot{\gamma} = (\dot{\alpha}, \dot{\beta}, 0) - i(0, 0, \gamma) = (\dot{\alpha}, \dot{\beta}, -i\gamma).$$

이러면

$$(h_1(\bar{z}), h_2(\bar{z}), h_3(\bar{z})) = (\overline{h_1(z)}, \overline{h_2(z)}, -\overline{h_3(z)}).$$

따라서

$$(x(\bar{z}), y(\bar{z}), z(\bar{z})) = (x(z), y(z), -z(z)).$$

이는 결국 곡면이 xy-평면에 대하여 면대칭임을 말한다.

3.3 바이에르스트라스 자료로부터 대칭성 판별하기

대칭성에 관한 한 어떤 극소곡면이 어떤 평면과 수직으로 만나는지, 어떤 극소곡면에 직선이 들어있는지 아닌지를 판단하는 것이 중요한 문제가 되고 이를 바이에르스트라스 데이터만 가지고 판단할 수 있는가 하는 것이 궁금해진다. 이에 대한 답으로 다음 정리가 있다.

정리 3.3.1. 엔네퍼-바이에르스트라스 표현식으로 주어진 극소곡면에 대하여 리만 곡면의 영역을 복소평면으로 나타내고 γ가 그 영역에서 직선이나 원의 일부라고 하자. 그러면 다음이 성립한다.

- 리만 곡면의 곡선 $\gamma(t)$에 대한 대칭이 계량기를 보존하고 $Q(\gamma', \gamma')$이 언제나 실수면 $X \circ \gamma$의 이미지는 평면곡선이며 극소곡면은 그 평면에 수직으로 만난다.

- 리만 곡면의 곡선 $\gamma(t)$에 대한 대칭이 계량기를 보존하고 $Q(\gamma', \gamma')$이 언제나 순허수면 $X \circ \gamma$의 이미지는 선분이며 극소곡면은 그 선분을 포함하는 직선에 대하여 대칭이다.

여기서 더 나아가기 전에 Q의 의미에 대하여 생각해 보자. 리만 곡면의 한점 p를 고정하면 p 근방을 평면영역 $\mathcal{U} \subset \mathbb{C}$로 나타낼 수 있다. 그러면 $v \in T_p\mathcal{U}$는 복소수로 생각할 수 있다. 즉 $v_p = (a, b)_p$를 $\tilde{v} = a + ib$로 나타낼 수 있다. 그러면

$$\begin{aligned} Q(v_p, w_p) &= (\omega dg)(v_p, w_p) \\ &= (fg'dz^2)(v_p, w_p) \\ &= f(p)g'(p)((dz^2)(v_p, w_p)) \\ &= f(p)g'(p)\tilde{v}\tilde{w}. \end{aligned}$$

마지막에서 $\tilde{v}$와 $\tilde{w}$는 벡터 v와 w에 해당하는 복소수다. 이렇게 해서 Q_p는 두 벡터 v와 w의 쌍을 한 복소수에 대응시키는 이형식이 된다. 호프 미분형식이 자연스럽게 등장하게 되는 이유는 다다음 절에 설명되어 있다.

예 3.3.1. 현수면을 생각하라.

$$g(z) = z, \quad \omega(z) = \frac{dz}{z^2}$$

허리평면에 대한 면대칭 $\tau(z) = \frac{1}{z}$를 생각하면 이는 리만구에서 단위원에 대한 대칭이다. τ의 고정점은 $\{z : |z| = 1\}$인데 이것의 이미지는 현수면의 허리원이다. 이 허리원에 대하여 면대칭이 성립한다는 것은 이미 알고 있는 사실인데 이를 위에서 공부한 이론을 통하여 확인하여 보자.

먼저

$$g \circ \tau(z) = \frac{1}{\bar{z}}, \quad \omega \circ \tau(z) = -d\bar{z}.$$

여서

$$ds^2(\tau(z)) = \left(1 + |g \circ \tau(z)|^2\right)^2 |\omega \circ \tau(z)|^2 = ds^2(z).$$

즉, τ의 고정점은 곧은선이다. 그런데 τ의 고정점은 $z \in \mathbb{C} : |z| = 1$ 이므로 $\sigma(t) = e^{it}$는 곧은선이다. 한편

$$dg(\dot{\sigma}) = g'(\sigma)\dot{\sigma} = ie^{it}, \tag{3.1}$$

$$\omega(\dot{\sigma}) = \frac{\dot{\sigma}}{\sigma^2} = ie^{-it}. \tag{3.2}$$

따라서 $Q(\dot{\sigma}, \dot{\sigma}) = -1 \in \mathbb{R}$. 그러므로 γ는 주곡률선이며 $X \circ \gamma$는 어떤 평면 Π에 들어 있다.

축을 포함하는 평면에 대한 면대칭 $\rho(z) = e^{2i\theta}\bar{z}$를 생각하라. 이는 직선 $y = (\tan\theta)x$에 대한 대칭이동이다. 따라서 $\rho(z)$의 고정점은 (현수면의) 한 모선이다. 이 모선과 축을 포함하는 평면에 대하여 면대칭이 성립한다는 것은 이미 알고 있는 사실이지만 이를 위 이론에 비추어 확인하여 보자.

먼저

$$g \circ \rho(z) = e^{2i\theta}\bar{z}, \quad \omega \circ \rho(z) = \frac{d\rho(z)}{\rho(z)^2} = e^{-2i\theta}\overline{\left(\frac{dz}{z^2}\right)}.$$

따라서

$$\begin{aligned} ds^2(\rho(z)) &= \left(1 + |g \circ \rho(z)|^2\right)^2 |\omega \circ \rho(z)|^2 \\ &= \left(1 + |g|^2\right)^2 |\omega(z)|^2 \\ &= ds^2(z). \end{aligned}$$

따라서 ρ는 등장사상이다. 이제 $\gamma(t) = e^{2i\theta}t$, $t > 0$, 라고 하자.

그러면

$$dg(\dot{\gamma}) = g_z(\gamma)\dot{\gamma} = e^{2i\theta}, \tag{3.3}$$

$$\omega(\dot{\gamma}) = \frac{dz}{z^2}(\dot{\gamma}) = \frac{\dot{\gamma}}{\gamma^2} = \frac{e^{2i\theta}}{(te^{2i\theta})^2} = \frac{1}{t^2e^{2i\theta}}. \tag{3.4}$$

따라서 $Q(\dot{\gamma},\dot{\gamma}) = 1/t^2 \in \mathbb{R}$. 위 이론에 의하여 $X \circ \gamma$는 어떤 평면에 들어 있으며 이 극소곡면은 이 평면에 수직으로 만나는데 이는 사실과 부합한다.

예 3.3.2. 셔억의 탑을 생각하라.[2)]

$$g(z) = z, \quad \omega(z) = \frac{1}{z^4+1}dz.$$

면 대칭 단위원 $\sigma(t) = e^{it}$를 생각하라. 일단 위와 같은 방법으로 $ds^2(\tau(z)) = ds^2(z)$인 것은 자명하다. 따라서 $\sigma(t)$는 곧은선이다. 이제,

$$dg(\dot{\sigma}) = g'(\sigma)\dot{\sigma} = ie^{it},$$

$$\omega(\dot{\sigma}) = \frac{1}{e^{4it}+1}ie^{it} = \frac{ie^{-it}}{2\cos 2t}.$$

그러므로 $Q(\dot{\sigma},\dot{\sigma}) = \frac{-1}{2\cos 2t} \in \mathbb{R}$. 따라서 $X \circ \sigma$는 어떤 평면에 들어 있으며 이 곡면은 이 평면에 수직이다.

---

2) 이는 우리가 공부한 셔억의 곡면의 데이터와 달라 보인다. 그러나 사실은 두 식은 같은 식이다. $z = e^{-i\pi/4}\zeta$로 하여 변환하면 $g = e^{-\pi i/4}\zeta, dh = \frac{i\zeta}{\zeta^4-1}d\zeta$가 된다. 이제 다음 소정리를 적용시킨다.

소정리 3.3.1. 주어진 바이에르스트라스 자료 (M, g, dh)로 주어진 곡면의 식을 X라고 하자. 그러면 상수 θ에 대하여 새로운 바이에르스트라스 자료 $(M, \bar{g} = e^{i\theta}g, \bar{dh} = dh)$로 주어지는 곡면 $\bar{X}$는 X를 z-축에 대하여 적당히 회전시킨 곡면이다.

선대칭 정의역에서 두 직선 $\sigma(t) = e^{i\theta/4}t$ 또는 $\sigma(t) = e^{-i\theta/4}t$를 생각하라. 그러면 이 두 직선의 이미지는 극소곡면의 두 직선이 된다.

예 3.3.3 (슈바르츠 P 곡면과 D 곡면). 다음과 같이 주어진 바이에르스트라스 데이터를 생각하라.

$$M = \{(z,w) \in \bar{\mathbb{C}}^2 : w^2 = z^8 + 14z^4 + 1\},$$
$$g(z,w) = z, \quad \omega(z,w) = e^{i\theta}\frac{dz}{w}.$$

$\theta = 0$이면 슈바르츠 P-곡면, $\theta = \pi/2$면 슈바르츠 D-곡면이다. [3)] 이제 다음과 같은, 주어진 리만 곡면의 대합[4)]을 생각하라.

$$\psi_1(z,w) = (\bar{z}, \bar{w}), \qquad \psi_2(z,w) = (i\bar{z}, \bar{w}),$$
$$\psi_3(z,w) = (\frac{1}{\bar{z}}, \frac{\bar{w}}{\bar{z}^4}), \qquad \psi_4(z,w) = (i\bar{z}, -\bar{w}).$$

주목할 만한 점은

$$\psi_1(1,4) = \psi_3(1,4) = (1,4),$$
$$\psi_2(1,4) = (i,4), \quad \psi_4(1,4) = (i,-4).$$

ψ_i, $i = 1,2,3,4$ 모두 등장사상이다. 이제 다음을 생각하라.

$$\gamma_1(t) = (t, \sqrt{t^8 + 14t^4 + 1}), \qquad 0 \le t \le 1,$$
$$\gamma_2(t) = (te^{i\pi/4}, \sqrt{t^8 - 14t^4 + 1}), \qquad 0 \le t \le a,$$
$$\gamma_3(t) = (e^{it}, \sqrt{e^{8it} + 14e^{4it} + 1}), \qquad 0 \le t \le \pi/4,$$
$$\gamma_4(t) = (te^{i\pi/4}, \sqrt{t^8 - 14t^4 + 1}), \qquad a \le t \le 1.$$

여기서 $f(t) := t^8 - 14t^4 + 1$의 부호에 대하여 조심하라. $0 \le t < a$이면 $f(t) > 0$, $a < t \le 1$이면 $f(t) < 0$이다. γ_3의 표현식에서

3) 그림 A.1d, A.1e

4) involution

$\sqrt{\ }$은 $t = 0$일 때, 즉 $z = 1$일 때 $w = 4$의 값을 가지도록 가지[5)]를 택한다. 그리고, 각각의 표현에서 $\sqrt{\ }$은 다음이 성립하도록 가지를 택한다.

$$\begin{aligned} \gamma_1(1) = \gamma_3(0), \quad \gamma_3(1) = \gamma_4(1), \\ \gamma_4(a) = \gamma_2(a), \quad \gamma_2(0) = \gamma_1(0). \end{aligned}$$

일단 네 γ_i는 모두 곧은 선이다. 자, 이제 각 곡선 γ_i에서 $Q = \frac{e^{i\theta}}{w}dz^2$의 값이 항상 실수인지, 항상 순허수인지, 아니면 그 어느 것도 아닌지 알아보자. 먼저 슈바르츠 P곡면은 $\theta = 0$인 경우이므로 그 경우를 먼저 생각하자. 리만 곡면 $M \subset (\mathbb{C} \cup \{\infty\})^2$의 곡선 $\gamma(t) = (z(t), w(t))$에 대하여

$$\begin{aligned} \gamma'(t) &= \gamma_*(\frac{d}{dt}) = (d\gamma)(\frac{d}{dt}) \\ &= \frac{dz}{dt}\frac{\partial}{\partial z} + \frac{d\bar{z}}{dt}\frac{\partial}{\partial \bar{z}} + \frac{dw}{dt}\frac{\partial}{\partial w} + \frac{d\bar{w}}{dt}\frac{\partial}{\partial \bar{w}} \\ &= z_t\partial_z + \bar{z}_t\partial_{\bar{z}} + w_t\partial_w + \bar{w}_t\partial_{\bar{w}}. \end{aligned}$$

이를 이용하면 다음과 같은 결론을 얻는다.

$$Q(\gamma'(t), \gamma'(t)) = \left(\frac{e^{i\theta}}{w}dz^2\right)(\gamma'(t), \gamma'(t)) = \frac{e^{i\theta}}{w(t)}z_t(t)z_t(t).$$

5) branch

따라서 다음을 얻는다. $\theta = 0$인 경우, 즉, 슈바르츠 P곡면인 경우,

$$
\begin{aligned}
Q(\dot\gamma_1, \dot\gamma_1) &= \frac{e^{i\theta}}{\sqrt{t^8 + 14t^4 + 1}} 1 \times 1 && \in \mathbb{R}, \\
Q(\dot\gamma_2, \dot\gamma_2) &= \frac{e^{i\theta}}{\sqrt{t^8 - 14t^4 + 1}} e^{i\pi/4} \times e^{i\pi/4} && \in i\mathbb{R}, \\
Q(\dot\gamma_3, \dot\gamma_3) &= \frac{e^{i\theta}}{\sqrt{e^{8it} + 14e^{4it} + 1}} ie^{it} \times ie^{it} && \in \mathbb{R}, \\
Q(\dot\gamma_4, \dot\gamma_4) &= \frac{e^{i\theta}}{\sqrt{t^8 - 14t^4 + 1}} e^{i\pi/4} \times e^{i\pi/4} && \in i\mathbb{R}.
\end{aligned}
$$

따라서 γ_1, γ_3의 이미지는 평면 곡선이고 슈바르츠 P 곡면은 이 평면에 대하여 면대칭이다. γ_2, γ_4의 이미지는 직선이고 슈바르츠 P 곡면은 이 직선에 대하여 선대칭이다.

$\theta = \frac{\pi}{2}$인 경우, 즉 슈바르츠 D 곡면인 경우, γ_2, γ_4의 이미지는 평면 곡선이고 슈바르츠 D 곡면은 이 평면에 대하여 면대칭이다. γ_1, γ_3의 이미지는 직선이고 슈바르츠 D 곡면은 이 직선에 대하여 선대칭이다.

3.4 곡면의 곧은선, 주곡률선, 점근곡선

여기 내용을 이해하기 위해선 '양성덕의 미분기하 강의1편'의 3장과 4장을 먼저 읽어보는 것이 필요하다. 4장의 주 내용은 공간 $\mathbb{E}^3$에 있는 곡면 M에 있는 곡선의 곡률에 관한 건데 여기서는 그런 곡률을 이용하여 주곡률선과 점근선을 정의하고 그 곡선들의 간단한 성질에 대하여 공부한다.

통상적으로 곡면 M과 M에 있는 곡선을 나타낼 때는 다음과 같은 기호를 사용한다:

$$X : \mathcal{U} \subset \mathbb{R}^2 \to \mathbb{E}^3,\ \gamma : (a,b) \subset \mathbb{R} \to \mathcal{U} \subset \mathbb{R}^2,\ \alpha := X \circ \gamma.$$

다음과 같은 기본적인 사실들이 성립한다.

정리 3.4.1. 곡선 $\gamma : (a,b) \subset \mathbb{R} \to \mathcal{U} \subset \mathbb{R}^2$, 곡면 $X : \mathcal{U} \subset \mathbb{R}^2 \to \mathbb{E}^3$에 대하여 $\alpha = X \circ \gamma$가 항상 단위속력을 가지고 또한 곧은선이라고 한다. 그러면

- α''은 곡면에 수직이다.
- α의 공간곡선으로서의 곡률 $:= |\alpha''| = \pm\langle \alpha'', G \circ \alpha \rangle$

증명. 정의로부터 따라나온다. ■

정의 3.4.1. $\mathbb{E}^3$에 있는 곡면의 한 점에서 점근방향이란 법곡률, 즉 κ_n,이 0인 방향을 말한다. 점근곡선이란 모든 점에서 속도벡터가 점근방향을 가리키는 곡선을 말한다. 주방향이란 κ_n이 최대값이거나 최소값인 방향이다. 주곡률곡선이란 모든 점에서 속도벡터가 주방향인 (부드러운) 곡선을 말한다.

정리 3.4.2. v가 점근벡터면 $S(v)$는 v에 수직이다.

증명. 정의로부터 당연. ■

정리 3.4.3. 임의의 곡면에서 점근방향은 주 방향을 반드시 이등분한다.

증명. [7, 따름정리 3.5.4]에 등장하는 다음 식으로부터 나온다.

$$\kappa_n(\theta) = \kappa_{max} \cos^2\theta + \kappa_{min} \sin^2\theta. \quad ■$$

정리 3.4.4. 일반적으로 두 점근방향은 서로 수직이지 않다. 그러나 극소곡면에서 두 점근방향은 서로 수직이다.

증명. 위 식에서 나온다. ■

곡면의 모양연산자를 $S : T_pM \to T_pM$이라 하고 $J : T_pM \to T_pM$는 $v \in T_pM$를 곡면의 단위법벡터를 축으로 하여 (오른손 법칙을 따라) 90° 회전시키는 연산자라 하자.

이를 이용하여 곡선의 곡률에 대하여 다음과 같은 사실을 알 수 있다.

정리 3.4.5. α가 단위속력을 가진 곧은선이면, α의 공간곡선으로서의 열률 τ는 다음을 만족시킨다.

$$\tau = -\langle S\dot{\alpha}, J\dot{\alpha}\rangle.$$

증명. α의 프레네 틀을 T, N, B라 하고 곡면의 단위수직벡터를 G라 하면 α가 곧은선이라는 사실로부터 $N(t) = G \circ X \circ \gamma(t)$. 따라서

$$\tau := \langle B, N'\rangle = \langle JT, G'\rangle = -\langle J\alpha', S\alpha'\rangle.$$ ■

정리 3.4.6. 다음이 성립한다. *(극소곡면의 대칭성과 관련하여 읽어볼 것.)*

- 임의의 곡면에서, 곡선 α가 곧은선이면서 점근곡선인 것은 α가 공간의 직선이기 위한 필요충분조건이다.
- 임의의 곡면에서, α가 (단위속력을 가지며) X의 곧은선이면서 (주)곡률선인 것은 $X \circ \gamma$는 평면곡선이며 또한 곡면 X는 그 평면에 수직이기 위한 필요충분조건이다.

증명. 첫 번째 사실은 곧은선 $\Leftrightarrow \kappa_g \equiv 0$, 점근곡선 $\Leftrightarrow \kappa_n = 0$, $\kappa^2 = \kappa_n^2 + \kappa_g^2$ 으로부터 나온다.

두 번째 사실에 대하여 알아보자. 먼저 α가 X의 곧은선이며 (주)곡률선이라고 하자. 이러면 $S\alpha'$은 α'에 평행하다. 따라서 $S\alpha'$과 $J\alpha'$은 서로 수직이다. 따라서 τ는 항상 0이다. 그러므로 α는 어떤 평면 Π에 들어있다([7, 정의 2.2.8] 참조).

이제 곡면 X가 이 평면 Π에 수직임을 알아보자. $\alpha := X \circ \gamma$가 Π에 들어있으므로 α''도 Π에 들어있다. 그런데 α는 곧은선이므로 α''은 곡면의 법벡터 G에 평행하다. 그러므로 G 역시 평면 Π에 들어있다. 따라서 곡면 X는 평면 Π에 수직이다.

이 명제의 역이 성립하는 것은 자명하다. ■

다음 정리가 무엇을 말하는지, 증명은 어떻게 되는가는 구체적 극소곡면 몇 개에 대한 실제 적용 사례를 보고 나면 알기 쉽다.

소정리 3.4.1. *(언제 곧은선이 되는가에 대한 판별법)* 지도 $\mathcal{U}$의 곡선 $\gamma : (a,b) \to \mathcal{U}$가 선 또는 원호라고 하자. 이 때, γ에 대한 대칭 $I : \mathcal{U} \to \mathcal{U}$가 계량기를 보존하면 γ는 곧은선이다.[6)]

증명. 먼저, 곧은선은 2계 미분방정식계의 해로 주어지며 그 방정식의 특성상 초기위치와 초기속도벡터가 주어지면 유일하게 존재함을 떠올리자.

이제 한 점 $c \in (a,b)$를 고정하고 $\gamma(c)$를 지나며 $\gamma'(c)$ 방향을 향하는 (유일한) 곧은선을 δ라 하자. I는 계량기를 보존하므로 $I \circ \delta$ 또한 곧은선이다.

6) 이 문장의 뜻을 정확히 아는 것은 매우 중요하다. 무엇보다도 α가 곧은 선이라고 주장하는 것이 아니라 γ가 곧은 선이라고 주장하는 것의 뜻을 알아야 한다. 아마도 아래 나와 있는, 극소곡면의 대칭성을 다루는 실제 예를 어떻게 주장하고 있는지 그 문장의 의미를 잘 이해하는 것이 필요하다.

이제 δ와 $I \circ \delta$를 비교하면

$$(I \circ \delta)(c) = (I \circ \gamma)(c) = \gamma(c) = \delta(c),$$
$$(I \circ \delta)'(c) = (I \circ \gamma)'(c) = \gamma'(c) = \delta'(c)$$

이므로 δ와 $I \circ \delta$는 같은 점을 지나며 같은 초기속도벡터를 가진다. 둘 다 곧은선이므로 δ와 $I \circ \delta$는 사실 서로 같은 곡선이다. 즉 δ는 I의 고정점들로 이루어져 있다. γ 또한 I의 고정점들로 이루어져 있으므로 γ와 δ는 같다. 그러므로 γ는 곧은선이다. ■

이제 한 곧은선이 언제 점근선이 되는지 또는 주곡률선이 되는지 알고 싶은데 이를 위해선 둘째 기본 형식을 들여다 볼 필요가 있다. 그런데 극소곡면의 이차형식은 다음 절에서 다루는 호프 미분 형식이라는 것과 밀접한 관련이 있다.

3.5 호프 미분 형식과 대칭성 사이의 관계

소정리 3.5.1. 0이 아닌 접벡터 v에 대하여 v 방향으로의 법곡률 $\kappa_n(v)$는 다음과 같이 계산된다.

$$\kappa_n(v) = \frac{II(v,v)}{I(v,v)}.$$

증명. $\kappa_n(v) := \frac{\langle S(v), v\rangle}{\langle v, v\rangle}$인데 정의상 $\langle v, v\rangle = I(v,v)$,
$\langle S(v), v\rangle = \langle -N'(v), v\rangle = -\langle dN(\alpha'), dX(\alpha')\rangle = II(v,v)$. ■

소정리 3.5.2. 다음이 성립한다.

- 극소곡면에서, $v \in T_p\mathcal{U}$가 점근방향 $\Leftrightarrow Q(v,v) \in i\mathbb{R}$.
- 극소곡면에서, $w \in T_p\mathcal{U}$가 주곡률방향 $\Leftrightarrow Q(w,w) \in \mathbb{R}$.

증명. 첫 번째 사실은 여러 정의로부터 당연하다.

두 번째 사실에 대하여 생각해 보자. 먼저 p는 원점이라고 가정하자. 그리고 다음과 같이 $\mathcal{U} \subset \mathbb{C}$에서 $\mathbb{C}$로 가는 함수를 정의하자. 복소수 $z = a + ib$를 벡터 (a, b)로 본다. 그러면 다음이 성립한다.

$$\begin{aligned} z &= a + ib = (a, b) = a\partial_u + b\partial_v \\ &= a(\partial_z + \partial_{\bar{z}}) + bi(\partial_z - \partial_{\bar{z}}) = (a + ib)\partial_z + (a - ib)\partial_{\bar{z}}. \end{aligned}$$

그러면

$$u \mapsto Q(u, u) = (g'f)dz^2(u, u)$$

를

$$z \mapsto g'(0)f(0)z^2$$

로 해석할 수 있다. 이제 점근벡터 v와 주곡률벡터 w는 $\pm 45°$ 또는 $\pm 135°$ 벌어져 있는데 위 식은 $Q(v, v)$와 $Q(w, w)$는 그 두 배인 ± 90도 또는 $\pm 270°$ 벌어져 있음을 이야기한다. 이제 $Q(v, v)$가 순허수이므로 $Q(w, w)$는 실수다. 이 역이 성립함은 비슷한 방법으로 이야기할 수 있다. ■

3.6 극소곡면과 켤레극소곡면 사이의 관계

한 극소곡면을 X로 나타내고 그것의 켤레 극소곡면을 Y로 나타내자. 그러면 다음이 성립한다.

- X가 어떤 직선을 포함하고 있으면 Y는 그 직선에 수직인 한 평면과 수직으로 만난다.
- X가 한 평면과 수직으로 만나면 Y는 그 평면에 수직인 한

직선을 포함한다.

이 현상을 나타내는 가장 좋은 예는 현수면과 나선면, 또는 셔억의 이중반복곡면과 단순반복곡면이다.

증명에 대해 알아보자. 먼저 X와 Y의 제일기본형식과 호프미분형식을 각각 I_X, Q_X와 I_Y, Q_Y라 하자. 그러면

$$I_Y = I_Y, \qquad Q_Y = iQ_X.$$

곧은선은 내재적 양이며 계량기만으로 결정되므로 X와 Y의 곧은선은 M에서는 같다. 이제 Q_X와 Q_Y의 관계로부터 X의 곡률선은 Y의 점근선이며 X의 점근선은 Y의 곡률선이다. 따라서 선대칭, 면대칭이 성립한다.

이제 $X \circ \gamma$가 직선이라고 하자. 그러면 $(X \circ \gamma)'$는 상수벡터다. 이 때

$$(Y \circ \gamma)' = Y_u u' + Y_v v' = (-X_v)u' + (X_u)v'$$

이므로

$$\langle (X \circ \gamma)', (Y \circ \gamma)' \rangle = \langle X_u u' + X_v v', (-X_v)u' + (X_u)v' \rangle = 0.$$

따라서 $(Y \circ \gamma)'$은 상수벡터 $(X \circ \gamma)'$와 수직이다. 따라서 $Y \circ \gamma$은 $(X \circ \gamma)'$과 수직인 평면에 들어 있다.

이번에는 다른 경우를 살펴보자. $X \circ \gamma$가 어떤 평면 Π에 들어있으며 X는 이 평면과 수직으로 만난다고 하자. 그러면 X의 가우스사상 G_X도 이 평면에 들어 있다. $(Y \circ \gamma)'$은 벡터 $(X \circ \gamma)'$에도 수직이고 $G_Y = G_X$에도 수직이므로 이 평면 Π에 항상 수직이다. 따라서 $(Y \circ \gamma)'$은 일정한 방향을 가리키며 $Y \circ \gamma$은 직선이다.

제 4 장

3차원 유클리드 공간의 극소곡면의 예

이 장에서는 엔네퍼-바이에르스트라스 표현식을 이용해 만들어진 극소곡면들을 관찰해 본다. 그러면서 어떤 문제가 있는지 알아본다.

4.1 셔억의 첫 번째 극소곡면

양성덕의 미분기하강의 1편을 보면 $z = f(x) + g(y)$ 꼴의 이변수 함수의 그래프로 주어지는 극소곡면은 평면이거나 함수 $z = \ln \frac{\cos x}{\cos y}$ 의 그래프를 평행이동, 회전이동, 대칭이동 그리고 닮음변환을 적용시켜 변환시킨 곡면이라 나와 있다. 이 곡면의 모양은 위 이변수 함수의 그래프를 그려 봄으로써 알 수 있지만

$$h(x, y, z) := e^z \cos y - \cos x$$

에 대하여 $h(x, y, z) = 0$ 인 f 의 등고면을 그려보면 더 잘 알 수 있다.[1)]

질문 4.1.1. $z = \ln \frac{\cos x}{\cos y}$ 의 그래프를 그려보아라.

$$h(x, y, z) := e^z \cos y - \cos x$$

에 대하여 $h(x, y, z) = 0$ 인 f 의 등고면을 그려보아라.

그런데 이 곡면은 다음 바이에르스트라스 자료로 얻어진다는 것이 알려져 있다.

$$M := \mathbb{C} \setminus \{1, -1, i, -i\}, \qquad p_0 = 0$$
$$g = z, \qquad \omega := \frac{dz}{1 - z^4}.$$

1) 그림 A.1f

문제 4.1.1. 계량기를 계산한 후 그걸 이용하여 $z = 1, -1, i, -i$는 끝임을 보여라.

이제 선적분을 수행하기 위하여 분지 절단[2)]을 도입한다. 분지 절단은 곡선이 위에서 찾은 네 점을 돌지 못하도록 설정할 것이다.

문제 4.1.2. 컴퓨터를 이용하지 말고 직접 적분을 수행하여

$$\Phi(z) := \int^z (1 - g(z)^2, i(1 + g(z)^2), 2g(z))\omega$$

의 식을 구해 보아라.

답.

$$\Phi(z) = \left(\frac{i}{2}\ln\frac{1-iz}{1+iz}, \frac{i}{2}\ln\frac{1+z}{1-z}, \frac{1}{2}\ln\frac{1+z^2}{1-z^2}\right).$$ ■

매쓰매티카를 이용하여 Φ를 구해보면 $arctan$이 나타난다. 그것이 결국은 위와 같음을 확인하여라.

자, 이제 Φ의 분지 절단을 알아본다. 먼저 매쓰매티카의 ln 함수의 분지 절단은 $(-\infty, 0] \subset \mathbb{C}$임을 떠 올리자. 따라서 Φ의 분지 절단은 다음을 만족시키는 $z \in \hat{\mathbb{C}} := \mathbb{C} \cup \{\infty\}$다: $a, b, c \in [0, \infty]$에 대하여

$$\frac{1-iz}{1+iz} = -a, \quad \frac{1+z}{1-z} = -b, \quad \frac{1+z^2}{1-z^2} = -c.$$

이를 z에 대하여 풀면 분지 절단은 다음과 같음을 알 수 있다.

$$z = -i\frac{1+a}{1-a}, \quad z = \frac{b+1}{b-1}, \quad z = \pm\sqrt{\frac{c+1}{c-1}}.$$

즉, 분지 절단은 다음 네 반직선이다. 그림 4.1을 보라.

2) branch cut

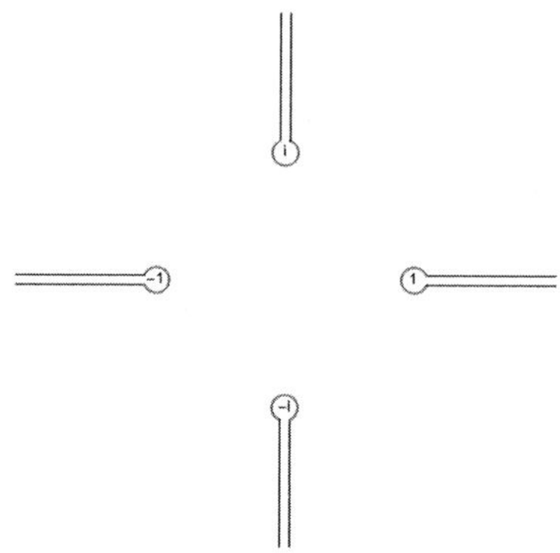

〈그림 4.1〉 분지 절단

$$L := \{re^{i\theta} : 1 \leq r \leq \infty,\, \theta = 0, \frac{\pi}{2}, 2\frac{\pi}{2}, 3\frac{\pi}{2}\}.$$

자, 이제 곡면은 일단 분지 절단을 잘라내 버린 영역에서 그린다. 즉

$$D := \mathbb{C} \setminus L$$

에서 곡면을 그린다. 여기서 $\{\pm 1, \pm i\}$가 제외됨을 강조한다. 네 점에서 Φ의 값은 ∞를 포함하기 때문에 이 네 점에서는 그림을 그리고자 하면 안 된다. 그러나 사실 L에서는 그림을 그릴 수 있다. 단지 이 반직선의 전후에서 Φ의 이미지가 불연속이기 때문에 조심하는 것이다.

질문 4.1.2. 굉장히 작은 양수 δ에 대하여 다음을 계산하면 그 결과가 어떻게 될지 예측하여 보아라.

$$\Phi(2+\delta i) - \Phi(2-\delta i), \qquad \Phi(-2+\delta i) - \Phi(-2-\delta i),$$
$$\Phi(\delta+2i) - \Phi(-\delta+2i), \qquad \Phi(\delta-2i) - \Phi(-\delta-2i).$$

실제로 이 계산을 수행하여 여러분의 예측이 사실인지 아닌지 확인하여 보아라.

Φ의 행동에 대하여 이론적인 부분을 하나만 더 설명하고자 한다. $p \in D$에 대하여 $\gamma : [0,1] \to D$가 $\gamma(0) = p_0 = 0, \gamma(1) = p$인 곡선이라 하자. 그러면 사실 $\Phi(p)$의 값은 다음과 같이 선적분으로 주어진다는 것이다.

$$\Phi(p) = \int_\gamma \phi.$$

이러한 해석은 나중에 이론적인 접근을 더 강화하고자 할 때 도움이 된다.

4.1.1 곡면을 그리는 첫 번째 방법

먼저 다음 영역을 생각하라.

$$D_F := \{re^{i\theta} : 0 \le r \le 1, 0 \le \theta \le \pi/4, |1 - re^{i\theta}| \ge \delta\}.$$

여기서 δ는 아주 작은 양의 실수다. 이러면 D는 D_F으로부터 다음과 같이 얻을 수 있다. 먼저 x 축에 대한 뒤집기, y 축에 대한 뒤집기, 직선 $x = y$에 대한 뒤집기, 원 $x^2 + y^2 = 1$에 대한 반전을 각각 φ_1, φ_2, φ_3, φ_4라 하면

$$\varphi_1(z) = \bar{z}, \quad \varphi_2(z) = -\bar{z}, \quad \varphi_3(z) = i\bar{z}, \quad \varphi_4(z) = 1/\bar{z}. \quad (4.1)$$

이제 다음과 같이 영역을 정의하자. 이제 $D_1 := D_F \cup \varphi_3[D_F]$은 그림 4.2과 같다.

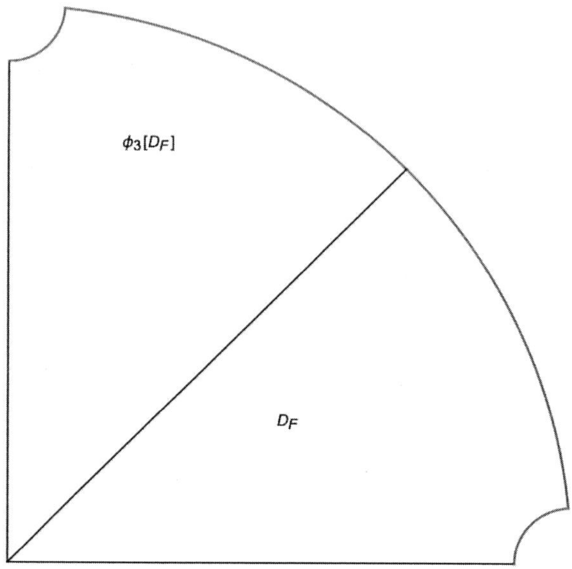

〈그림 4.2〉 영역 D_1

이제

$$D_2 := D_1 \cup \varphi_1[D_1],\ D_3 := D_2 \cup \varphi_2[D_2],\ D_4 := D_3 \cup \varphi_4[D_3]$$

라 할 때 $X[D_4]$가 우리가 그리고자 하는 그림이다. 이는 결국

$$X[D_F], \quad X \circ \varphi_k[D_F], \quad X \circ \varphi_i \circ \varphi_j[D_F]$$

들을 그려서 그 그림들을 합치면 얻어진다.

이제 이 곡면을 실제로 그리고자 하면 맞닥뜨리게 되는 문제가 하나 있다. 대부분의 소프트웨어에서 그림을 그리는 명령어는 다음과 같이 주어진다.

$$\text{parametric\_plot3d}(X(u,v),(u,u_m,u_M),(v,v_m,v_M)).$$

여기서 주목할 점은 정의역이 사각형으로 주어진다는 것이다. 우리가 들여다 보고 있는 함수는 정의역이 D인데 이것이 사각형이 아닌 것이 문제다. 이를 해결하는 방법은 어떤 사각형 $\tilde{D}$와 일대일대응 $\varphi_0 : \tilde{D} \to D$를 찾아서 $X \circ \varphi_0$을 사각형 $\tilde{D}$에서 그리는 것이다. 과연 이런 사각형이 있긴 있는 건가 하는 질문에 대해선 리만 사상정리[3)]에 의해 있다고 말할 수 있다.

그럼 그런 사각형 $\tilde{D}$와 함수 φ_0를 어떻게 찾을 것인가? 착안점은, 양성덕의 미분기하강의 1편의 7장 9절에도 나와 있는, 쌍곡평면의 상반평면모델을 원반모델로 변환시켜주는 다음 함수다.

$$w(z) := \frac{i-z}{i+z}.$$

이는 $z = 0, 1, \infty, i$를 각각 $w = 1, i, -1, 0$으로 보낸다. 특히 $D_z = \{|z| \le 1, Rez \ge 0, Imz \ge 0\}$을 $D_w = \{|w| \le 1, Rew \ge 0, Imw \ge 0\}$으로 일대일 대응으로 보내는데 0이 1로 간다. 따라서 다음 함수는 사각형을 D_F로 보낸다.

$$\varphi_0 : (r, \theta) \in \tilde{D} := [\tilde{\delta}, 1] \times [0, \pi/2] \mapsto \sqrt{w(re^{i\theta})}.$$

자, 이렇게 하여 단위원반 내의 영역에 대한 그림은 그릴 수 있다. 즉

$$X \circ \varphi_0[\tilde{D}], \quad X \circ \varphi_k \circ \varphi_0[\tilde{D}], \quad X \circ \varphi_i \circ \varphi_j \circ \varphi_0[\tilde{D}]$$

를 그려서 합치면 된다.

그런데 $X \circ \varphi_4[D_F]$를 그릴 때는 문제가 발생한다. $0 \in D_F$인데 $\varphi_4(0) = \infty$다. $X(\infty)$는 사실 수학적으로는 잘 정의되어 있지만 일반적으로 컴퓨터 프로그램이 이를 잘 다루지 못하여 이 그림은

3) Riemann mapping theorem

그려주질 않는다.

이를 극복하는 아이디어는 Φ를 다음과 같이 변형하는 것이다.

$$\Psi(z) := \Phi(\frac{1}{\bar{z}}) = \left(\frac{i}{2}\ln\frac{\bar{z}-i}{\bar{z}+i}, \frac{i}{2}\ln\frac{\bar{z}+1}{\bar{z}-1}, \frac{1}{2}\ln\frac{\bar{z}^2+1}{\bar{z}^2-1}\right).$$

그려면 $Re \circ \Phi \circ \varphi[D_F] = Re \circ \Psi[D_F]$가 된다. 대부분의 프로그램들이 $\Phi(\infty)$는 잘 다루지 못하는 반면 $\Psi(0)$는 잘 다룬다.

이 모든 것들을 고려하면 서억의 첫 번째 곡면을 그릴 수 있다.

4.1.2 곡면을 그리는 두 번째 방법

이번에는 $X[D_F]$를 대칭이동시켜 $X[D] \subset \mathbb{E}^3$를 얻어내는 방법에 대하여 설명한다. 이럴려면 먼저 $X[D]$의 대칭성에 대하여 살펴보아야 한다.

소정리 4.1.1. $\Phi(z)$를 3×1 행렬로 나타내어지는 3차원 복소 벡터로 생각한다. 그러면 다음이 성립한다.

$$\Phi(i_k(z))^T = \mathcal{R}_k \overline{\Phi(z)}^T, \quad k = 1, 2, 3,$$
$$\Phi(i_4(z))^T = \mathcal{R}_4 \overline{\Phi(z)}^T + (\pi/4, \pi/4, \pi i/4)^T.$$

단

$$\mathcal{R}_1 := \begin{pmatrix} 1 & 0 & 0 \\ 0 & -1 & 0 \\ 0 & 0 & 1 \end{pmatrix}, \qquad \mathcal{R}_2 := \begin{pmatrix} -1 & 0 & 0 \\ 0 & 1 & 0 \\ 0 & 0 & 1 \end{pmatrix},$$
$$\mathcal{R}_3 := \begin{pmatrix} 0 & -1 & 0 \\ -1 & 0 & 0 \\ 0 & 0 & -1 \end{pmatrix}, \quad \mathcal{R}_4 := \begin{pmatrix} -1 & 0 & 0 \\ 0 & -1 & 0 \\ 0 & 0 & 1 \end{pmatrix}.$$

증명. 0에서 z로 가는 곡선을 $\gamma : [a, b] \to D$라고 하자. 그러면

$\delta_1(t) := \overline{\gamma(t)}$는 0에서 $i_1(z)$로 가는 곡선이 된다. 따라서

$$\begin{aligned}\Phi_1(i_1(z)) &= \int_{\delta_1}\phi_1 = \int_{\delta_1}\frac{1}{2}\frac{1-w^2}{w^4-1}dw = \int_a^b \frac{1}{2}\frac{1-\delta_1^2}{\delta_1^4-1}\frac{d\delta_1}{dt}dt \\ &= \int_a^b \frac{1}{2}\frac{1-\overline{\gamma}^2}{\overline{\gamma}^4-1}\frac{d\overline{\gamma}}{dt}dt = \overline{\int_a^b \frac{1}{2}\frac{1-\gamma^2}{\gamma^4-1}\frac{d\gamma}{dt}dt} = \overline{\int_\gamma \phi_1} = \overline{\Phi_1(z)}, \\ \Phi_2(i_1(z)) &= \int_{\delta_2}\phi_1 = \int_{\delta_2}\frac{i}{2}\frac{1+w^2}{w^4-1}dw = \int_a^b \frac{i}{2}\frac{1+\delta_1^2}{\delta_1^4-1}\frac{d\delta_1}{dt}dt \\ &= \int_a^b \frac{i}{2}\frac{1+\overline{\gamma}^2}{\overline{\gamma}^4-1}\frac{d\overline{\gamma}}{dt}dt = -\overline{\int_a^b \frac{i}{2}\frac{1+\gamma^2}{\gamma^4-1}\frac{d\gamma}{dt}dt} = -\overline{\int_\gamma \phi_2} = -\overline{\Phi_2(z)}, \\ \Phi_3(i_1(z)) &= \int_{\delta_1}\phi_3 = \int_{\delta_1}\frac{w}{w^4-1}dw = \int_a^b \frac{\delta_1}{\delta_1^4-1}\frac{d\delta_1}{dt}dt \\ &= \int_a^b \frac{\overline{\gamma}}{\overline{\gamma}^4-1}\frac{d\overline{\gamma}}{dt}dt = \overline{\int_a^b \frac{\gamma}{\gamma^4-1}\frac{d\gamma}{dt}dt} = \overline{\int_\gamma \phi_3} = \overline{\Phi_3(z)}.\end{aligned}$$

i_2, i_3의 경우도 비슷하게 따라 나온다. 이제 i_4의 경우를 보자. $\delta_4(t) := 1/\overline{\gamma(t)}$는 ∞에서 $1/\bar{z}$로 가는 곡선이 된다. 이 때 0에서 ∞로 가는 곡선 $\delta_0(t) := e^{i\pi/4}t$, $0 \le t < \infty$를 생각하면 $\delta_0 \cup \delta$는 0에서 $1/\bar{z}$로 가는 곡선이 된다. 따라서

$$\Phi_1(1/\bar{z}) = \int_{\delta_0}\phi_1 + \int_{\delta_4}\phi_1.$$

이 때

$$\int_{\delta_0}\phi_1 = \log(-1)\frac{i}{4} = \frac{\pi}{4}.$$

여기서 $\log(-1) = -\pi i$라는 건 가능한 많은 값 중에서 이를 선택한

것이며 $\log(-1) = \pi i$를 선택할 수도 있음을 적어둔다. 또한

$$\begin{aligned}\int_{\delta_4} \phi_1 &= \int_{\delta_4} \frac{1}{2}\frac{1-w^2}{w^4-1}dw = \int_a^b \frac{1}{2}\frac{1-\delta_4^2}{\delta_4^4-1}\frac{d\delta_4}{dt}dt \\ &= \int_a^b \frac{1}{2}\frac{1-\overline{\gamma}^{-2}}{\overline{\gamma}^{-4}-1}\frac{d\overline{\gamma}^{-1}}{dt}dt = -\overline{\int_a^b \frac{1}{2}\frac{1-\gamma^2}{\gamma^4-1}\frac{d\gamma}{dt}dt} \\ &= -\overline{\int_\gamma \phi_1} = -\overline{\Phi_1(z)}.\end{aligned}$$

따라서

$$\Phi_1(1/\bar{z}) = \frac{\pi}{4} - \overline{\Phi_1(z)}.$$

비슷한 논법으로 다음이 얻어진다.

$$\Phi_2(1/\bar{z}) = \frac{\pi}{4} - \overline{\Phi_2(z)}, \qquad \Phi_3(1/\bar{z}) = \overline{\Phi_3(z)}.$$

나머지 계산은 직접 해 보기 바란다. ■

따름정리 4.1.1. $X(z) = (x(z), y(z), z(z))$라 할 때 (4.1)의 φ_i에 대하여

$$\begin{aligned}X \circ \varphi_1(z) &= (x(\bar{z}), -y(\bar{z}), z(\bar{z})),\\ X \circ \varphi_2(z) &= (-x(\bar{z}), y(\bar{z}), z(\bar{z})),\\ X \circ \varphi_3(z) &= (-y(\bar{z}), -x(\bar{z}), -z(\bar{z})),\\ X \circ \varphi_4(z) &= (\pi/4 - x(\bar{z}), \pi/4 - y(\bar{z}), z(\bar{z})).\end{aligned}$$

소정리 4.1.2. $X(e^{i\theta})$, $0 < \theta < \pi/2$의 상은 $x = y = \pi/8$으로 주어진 (z축과 형행한) 직선이다.

증명.

$$\Phi_2(e^{i\theta}) = \frac{i}{2}\log\left(\frac{1-e^{i\theta}}{1+e^{i\theta}}\right).$$

따라서

$$y(e^{i\theta}) = -\frac{1}{2}Arg\left(\frac{1-e^{i\theta}}{1+e^{i\theta}}\right).$$

그런데 이 각은 일정하다. $\Phi_1(e^{i\theta})$에 대해서도 동일한 논법을 적용시켜 동일한 결론을 얻을 수 있다. 마지막으로 $z(e^{i\theta})$의 값이 $-\infty$부터 ∞까지 변함을 보이는 것은 독자에게 남긴다. ■

4.1.3 매쓰매티카로 그림 그릴 때 유용한 팁

2014년에 발표된 매쓰매티카[4)] 10에서는 정의역을 부등호로 정의할 수 있는 기능이 추가되었는데 이걸 이용하면 곡면을 쉽게 그릴 수 있다. 그 기법은 저자의 홈페이지[70]에 나와 있는데 간단히 적으면 다음과 같다.

- FD = ImplicitRegion[{ inequality1, inequality2, equality3, ⋯ }, {x,y}]
- S = DiscreteRegion[FD]
- ParametricPlot3D[$X[x,y], \{x,y\} \in S$]

예를 들어 D_F는 다음과 같이 정의된다. 매우 작은 양수 $\delta > 0$에 대하여

$$FD = \text{ImplicitRegion}[\{x^2+y^2 \le 1, 0 \le y \le x, \\ (x-1)^2+y^2 \ge \delta\}, \{x,y\}]$$

나중에 여러 복잡한 정의역에서 곡면을 그려야 할 때 이 방법은 매우 매우 편리하다.

질문 4.1.3. 위 아이디어를 이용하여 $X[D_3]$을 그려보아라.

4) Mathematica©

4.1.4 셔억의 첫 번째 곡면을 그리는 여러 방법의 비교

첫 번째 방법은 결국 X의 정의역 D에 있는 모든 점 z에 대하여 $X(z)$를 계산한다. 한편 두 번째 방법은 D의 일부인 D_F에 있는 점 p에 대해서만 $X(p)$를 계산한다. 두 번째 방법은 첫 번째 방법에 대하여 계산량이 현저하게 적어 그림이 빨리 그려진다.

질문 4.1.4. 이 곡면이 $e^z \cos y = \cos x$와 같은 곡면임을 보여라.

4.2 셔억의 두 번째 극소곡면

이는 바이에르스트라스 자료가 다음과 같이 주어지는 곡면이다.[5)]

$$M := \mathbb{C} \setminus \{1, -1, i, -i\}, \qquad p_0 = 0,$$
$$g = z, \qquad \omega := \frac{idz}{1 - z^4}.$$

이 경우

$$\Psi(z) := \int^z (1 - g(z)^2, i(1 + g(z)^2), 2g(z))\omega(z)$$

라 하자. 그러면 (4.1)의 Φ에 대하여

$$\Psi(z) = i\Phi(z).$$

따라서

$$Y(z) := \operatorname{Re} \Psi = -\operatorname{Im} \Phi.$$

따라서 Ψ의 분지 절단은 Φ의 분지절단과 같다.

5) 그림 A.2a

4.3 n-노이드

n은 1보다 큰 자연수, $\theta := e^{2\pi i/n}$이라 하자. 그러면

$$M := \mathbb{C} \cup \{\infty\} \setminus \{\theta^k\}_{k=1}^n,$$
$$f(z) = (z^n - 1)^{-2}, \qquad g(z) = z^{n-1}$$

은 n-noid라는 걸 정의한다. [41]을 보라. $n = 2$면 이건 현수면이다. $n = 3$이면 이걸 트라이노이드라고 한다.[6)]

트라이노이드를 그리는 법에 대하여 생각해 보자. 세이지매쓰로 적분하면 다음이 얻어진다.

$$\Phi(z) = \Big(\frac{z}{6(z^2+z+1)} + \frac{1}{9}\ln\frac{z^2+z+1}{(z-1)^2},$$
$$\frac{2\sqrt{3}i}{9}\tan^{-1}\frac{2z+1}{\sqrt{3}} - i\frac{z^2+1}{6(z^3-1)}, -\frac{1}{3(z^3-1)}\Big).$$

질문 4.3.1. $\tan^{-1} x = \frac{1}{2i}\ln\frac{i-x}{i+x}$임을 보여라.

위 결과에 의하면

$$\tan^{-1}\frac{2z+1}{\sqrt{3}} = \frac{1}{2i}\ln\frac{\sqrt{3}i-(2z+1)}{\sqrt{3}i+(2z+1)}$$

이 함수의 분지절단을 알아보기 위하여 다음과 같이 진행하자. 임의의 양수 s에 대하여

$$\frac{\sqrt{3}i-(2z+1)}{\sqrt{3}i+(2z+1)} = -s$$

라고 하면

$$z = -\frac{-1}{2} + \frac{\sqrt{3}}{2}\frac{1+s}{1-s}i.$$

이 때 $s > 0$으로부터 $\frac{1+s}{1-s} \in (-\infty, -1) \cup (1, \infty)$임을 얻는다. 따라

6) 그림 A.2b

서 단위원반 내에는 분지절단이 없다. 그래서 그냥 그리면 된다.

4.4 코스타의 곡면

[37]에 주어진 정의를 보라. 즉, $w_1 = 1$, $w_2 = i$인 경우의 바이에르스트라스 P-함수를 $\wp$로 나타냈을 때

$$M := \square \setminus C,$$

$$\square := \{\zeta \in \mathbb{C} : 0 \leq Re\zeta < 1,\ 0 \leq Im\zeta < 1\},$$

$$C := \{1/2, i/2, 1/2 + i/2\},$$

$$f(z) = \wp(z), \quad g(z) = \frac{A}{\wp'(z)},$$

$$A := \sqrt{2\pi g_2} \approx 34.46707, \quad p_0 = 0.$$

로 주어지는 바이에르스트라스 자료에 대하여 만들어진 극소곡면을 코스타의 곡면이라 한다. [37, (32.29)]참조.[7)]

이를 다음과 같이 분석할 수 있다. 먼저 다음 함수 $\zeta \in \square \mapsto (z, w) \in (\mathbb{C} \cup \{\infty\})^2$를 생각하라.

$$(z, w) := \left(\frac{\wp(\zeta)}{e_1}, \frac{\wp'(\zeta)}{2e_1^{3/2}} \right).$$

단 e_1의 값은 [37, (32.28)], [37, (32.30)]에 의하여 결정된다. 이러면 바이에르스트라스 $\wp$ 함수의 성질, 즉 [37, (32.29)]에 의하여

$$w^2 = z(z^2 - 1). \tag{4.2}$$

이제 바이에르스트라스 자료 $f(z) = \wp(z)$와 $g(z) = \frac{A}{\wp'(z)}$를 z와 w의 식으로 바꾼다. 사실 바이에르스트라스 자료는 f와 g가

7) 그림 A.2c

아니고 $\omega := f(\zeta)d\zeta$와 g인데 여기서 $dz = \frac{\wp'(\zeta)}{e_1}d\zeta$이므로

$$\omega = \wp(\zeta)\frac{e_1}{\wp'(\zeta)}dz = \frac{1}{2\sqrt{e_1}}\frac{z}{w}dz,$$

$$g = \frac{A}{\wp'(\zeta)} = \frac{2^{-1}Ae_1^{-3/2}}{w}.$$

여기서 $\frac{1}{2\sqrt{e_1}}$은 무시해도 된다. 왜냐하면 그건 극소곡면의 등비변환에 해당하기 때문이다. 따라서

$$\omega = \frac{z}{w}dz, \qquad g = \frac{c}{w}. \tag{4.3}$$

식 (4.2)는 종수가 1인 리만 곡면이다. 호프만과 믹스는 이 두 식 (4.2), (4.2)를 잘 분석하여 일반적인 종수를 가졌으며 매립되어 있는 극소곡면들을 만들어 내었다.

4.5 코스타-호프만-믹스의 곡면

임의의 자연수 k에 대해 다음과 같이 주어진 곡면을 코스타-호프만-믹스 곡면이라 한다.[8)]자세한 사항에 대해선 호프만과 믹스의

---

8) 그림 A.2d

논문 [38]을 보라.

$$\bar{M}_k := \{(z,w) \in (\mathbb{C} \cup \{\infty\})^2 | w^{k+1} = z^k(z^2-1)\},$$
$$p_0 := (0,0),\ p_{-1} := (-1,0),\ p_1 := (1,0),\ p_\infty := (\infty,\infty),$$
$$M_k := \bar{M}_k \setminus \{p_{-1}, p_{+1}, p_\infty\},$$
$$\omega = \left(\frac{z}{w}\right)^k dz = \frac{w}{z^2-1}dz, \quad g = \frac{c}{w},\ c = \sqrt{\frac{A}{B}},$$
$$A = \int_0^1 \frac{\left(t^k(1-t^2)\right)^{1/(k+1)}}{t^2-1},$$
$$B = -\frac{1}{2}\int_0^1 \left(t^k(1-t^2)\right)^{-1/(k+1)} dt.$$

이 곡면이 어떻게 생겼는지 계산을 제시하는데 사실 모든 걸 자세히 이야기하는 건 불가능하여 개요만 적어둔다. $k = 1$이면·이는 코스타의 곡면이다.

4.5.1 정의역의 모양

$\bar{M}_k$는 구멍이 k개인 유향곡면이다. 왜 그렇게 되는지는 다가함수

$$w(z) := z\frac{\sqrt[k+1]{z-1}\ \sqrt[k+1]{z+1}}{\sqrt[k+1]{z}},$$
$$z \in \mathbb{C} \setminus ((-\infty,-1) \cup (0,1)), \quad w(2) = \sqrt[k+1]{2^k 3} \in \mathbb{R}$$

을 잘 분석하면 알 수 있다.

4.5.2 끝 찾기

$p_0, p_{-1}, p_1, p_\infty$ 외 모든 점에 대해선 z-좌표가 좋은 좌표가 된다. 이제 이 좌표에 대하여 계량

$$ds^2 = (1+|g|^2)^2|\omega|^2 = \left(1 + \frac{c^2}{|w|^2}\right)^2 \frac{|z|^{2k}}{|w|^{2k}}|dz|^2$$

을 들여다 보면 $p_0, p_{-1}, p_1, p_\infty$ 외 모든 점은 보통 점임을 알 수 있다.

이제 $p_0, p_{-1}, p_1, p_\infty$에 대해선 z-좌표는 좋은 좌표가 아니다. $k+1$개의 z-평면이 모여야 좋은 좌표가 된다.

먼저 p_0에 대하여 생각해 보자. 이 때는

$$\zeta := z^{1/(k+1)} \tag{4.4}$$

가 p_0 근방에서 좋은 좌표가 된다. 이 근방에서는

$$z = \zeta^{k+1}, \quad dz = (k+1)\zeta^k d\zeta. \tag{4.5}$$

따라서 (4.5.1)를 이용하여

$$\begin{aligned} w &\sim z \frac{\sqrt[k+1]{0-1}\ \sqrt[k+1]{0+1}}{\sqrt[k+1]{z}} \\ &\sim \sqrt[k+1]{-1} z^{k/(k+1)} \sim \sqrt[k+1]{-1}\zeta^k. \end{aligned}$$

따라서 $|z| = |\zeta|^{k+1}, |w| \sim |\zeta|^k$와 함께 다음을 얻는다.

$$\begin{aligned} ds^2 &\sim (1 + \frac{c^2}{|\zeta|^{2k}})^2 \left(\frac{|\zeta|^{k+1}}{|\zeta|^k}\right)^{2k} (k+1)^2 |\zeta|^{2k} |d\zeta|^2 \\ &= (k+1)^2 (c^2 + |\zeta|^{2k})^2 |d\zeta|^2. \end{aligned}$$

따라서 $\zeta = 0$인 점, 즉 p_0은 보통점이다.

이제 p_1에 대하여 생각해 보자. 이 때는

$$\zeta := (z-1)^{1/(k+1)} \tag{4.6}$$

가 p_1 근방에서 좋은 좌표가 된다. p_1은 $\zeta = 0$에 해당한다. 이 경우

$$z = 1 + \zeta^{k+1}, \qquad dz = (k+1)\zeta^k d\zeta. \tag{4.7}$$

따라서

$$w \sim 1 \frac{\sqrt[k+1]{z-1}\ \sqrt[k+1]{1+1}}{\sqrt[k+1]{1}} \sim \sqrt[k+1]{2}\,\zeta. \tag{4.8}$$

이로부터 $|z| \sim 1, |w| \sim 2^{1/(k+1)}|\zeta|$ 와 함께 다음을 얻는다.

$$ds^2 \sim C_1(1 + C_2/|\zeta|^2)^2|d\zeta|^2,$$
$$C_1 := (k+1)^2/2^{2k/(k+1)},\ C_2 := c^2/2^{2/(k+1)}.$$

이는 p_1 이 끝임을 말한다.

문제 4.5.1. p_{-1} 이 끝임을 설명하여라.

마지막으로 p_∞ 가 끝임을 보자. 이 경우 좋은 좌표는

$$\zeta := \frac{1}{z^{1/(k+1)}} \tag{4.9}$$

이다. 이러면

$$z = \zeta^{-(k+1)}, \qquad dz = -(k+1)\zeta^{-(k+2)}d\zeta. \tag{4.10}$$

따라서

$$\begin{aligned} w &\sim \zeta^{-(k+1)} \frac{\sqrt[k+1]{\zeta^{-(k+1)} - 1}\ \sqrt[k+1]{\zeta^{-(k+1)} + 1}}{\sqrt[k+1]{\zeta^{-(k+1)}}} \\ &\sim \zeta^{-(k+1)} \frac{\zeta^{-1}\zeta^{-1}}{\zeta^{-1}} \\ &\sim \zeta^{-(k+2)}. \end{aligned} \tag{4.11}$$

이로부터 $|z| = |\zeta|^{-(k+1)}$, $|w| \sim |\zeta|^{-(k+2)}$ 와 함께 다음을 얻는다.

$$ds^2 \sim (k+1)^2(1 + c^2|\zeta|^{2(k+2)})^2|\zeta|^{-4}|d\zeta|^2. \tag{4.12}$$

이는 $\zeta = 0$, 즉 p_∞ 이 끝임을 말해 준다.

4.5.3 끝의 모양

먼저 다음 식을 떠 올리자.

$$X_1 + iX_2 = \overline{\int_\gamma \omega} - \int_\gamma g^2\omega, \qquad X_3 = \int_\gamma 2g\omega. \tag{4.13}$$

p_1 의 모양 식 (4.6), (4.7), (4.8)에 따라 $\zeta = 0$ 근방의 의미지를 살펴야 한다. 이것에 의하면

$$\omega \sim C_1 d\zeta, \quad g\omega \sim C_2\zeta^{-1}d\zeta, \quad g^2\omega \sim C_3\zeta^{-2}d\zeta.$$

따라서

$$\int_\gamma \omega \sim C_1\zeta, \quad \int_\gamma g\omega \sim C_2 \log\zeta, \quad \int_\gamma g^2\omega \sim -C_3\zeta^{-1}.$$

따라서 p_1 의 근방은 현수면꼴 끝이 된다는 것을 알 수 있다.

p_∞ 의 모양 식 (4.10), (4.11)에 따라 $\zeta = 0$ 근방의 의미지를 살펴야 한다. 이러면

$$\omega \sim C_4\zeta^{-2}d\zeta, \quad g\omega \sim C_5\zeta^k d\zeta, \quad g^2\omega \sim C_6\zeta^{2(k+1)}d\zeta.$$

따라서

$$X_1 + iX_2 \sim -C_4\zeta^{-1}, \quad X_3 \sim Re(2C_5\zeta^{k+1}/(k+1)) \sim 0$$

임을 알 수 있다. 그래서 p_∞ 는 평면꼴 끝이다.

문제 4.5.2. p_{-1} 의 모양 또한 현수면꼴임을 설명하여라.

소정리 4.5.1. p_∞ 는 중간에 있는 평면꼴 끝이다. p_1, p_{-1} 은 현수면꼴 끝이다.

4.5.4 주기 문제와 매개수 값 결정

c의 값이 (4.5)에서와 같이 주어지지 않고 그냥 양의 실수하고만 하면 일반적으로 X는 M_k에서 잘 정의되지 않고 M_k의 범피복[9]에서만 정의된다. 이것이 M_k에서도 잘 정의되어 있다는 것을 보이기 위해서는 c의 값을 잘 정해서 M_k의 임의의 닫힌 곡선 γ에 대하여 $Re\int_\gamma \phi = (0,0,0)$이 되게 해야 한다. 그런 c의 값은 단 하나가 있는데 식 (4.5)에 주어진 값이다. 여기서는 그 값이 어떻게 얻어지는지 살펴보자.

다음에 주어지는 한 특별한 닫힌 곡선 $\tilde{\alpha}$에 대하여 먼저 생각해 보자. 먼저 z-평면에 있는 다음 곡선을 생각하자.

$$\alpha(t) := \tfrac{1}{2} + e^{it}, \quad 0 \le t \le 2\pi.$$

α의 M으로의 올림[10]을 $\tilde{\alpha}(t) = (\alpha(t), w(t))$라 하자. 단 $\tilde{\alpha}(0) \in \mathbb{R}^2$.

우리는 다음이 성립하기를 원한다:

$$Re\int_{\tilde{\alpha}} \phi_1 = 0, \quad Re\int_{\tilde{\alpha}} \phi_2 = 0, \quad Re\int_{\tilde{\alpha}} \phi_3 = 0. \tag{4.14}$$

마지막 등식이 성립하는 것은 직접 적분을 구해봄으로써 쉽게 알 수 있다.

첫 두 등식이 성립함을 보기 위하여 다음을 정의하자:

$$\omega_1 := \frac{wdz}{z^2-1}, \quad \omega_2 := \frac{dz}{w(z^2-1)}. \tag{4.15}$$

9) universal cover

10) lift

소정리 4.5.2. 첫 두 등식은 다음과 동치다.

$$\int_{\tilde{\alpha}} \omega_1 = c^2 \overline{\int_{\tilde{\alpha}} \omega_2}. \tag{4.16}$$

소정리 4.5.3.

$$\int_{\tilde{\alpha}} \omega_1 = c_1 A, \quad c_1 := e^{-\pi i/(k+1)} - e^{\pi i/(k+1)}. \tag{4.17}$$

원 논문 *17*쪽 참조할 것. 매우 작은 양의 실수 ε에 대하여 반지름이 ε이며 0과 1에 중심을 둔 두 원호와 선분 두 개로 이루어진 다음 그림에서와 같은 곡선을 생각한다.

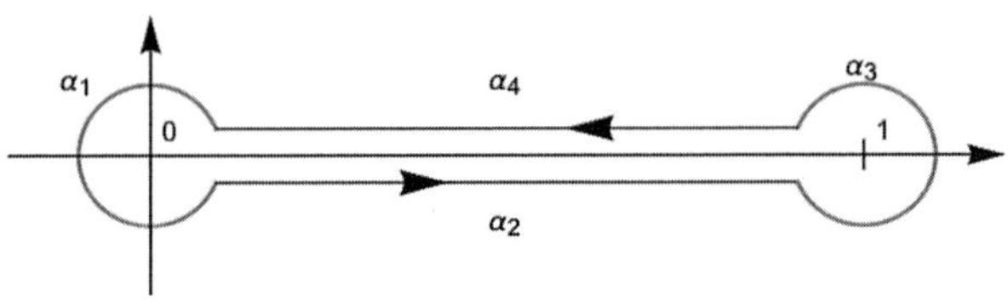

〈그림 4.3〉

그러면 당장 다음을 얻는다.

$$\lim_{\varepsilon \to 0^+} \int_{\alpha_1} \omega_1 = e^{-\pi i/(k+1)} \int_0^1 \frac{(t^k(1-t^2))^{1/(k+1)}}{t^2-1} dt, \tag{4.18}$$

$$\lim_{\varepsilon \to 0^+} \int_{\alpha_3} \omega_1 = e^{\pi i/(k+1)} \int_1^0 \frac{(t^k(1-t^2))^{1/(k+1)}}{t^2-1} dt. \tag{4.19}$$

한편

$$\alpha_2\text{에선} \quad |w/(z^2-1)| \sim D_1 \varepsilon^{-k/(k+1)}, \tag{4.20}$$

$$\alpha_4\text{에선} \quad |w/(z^2-1)| \sim D_2 \varepsilon^{k/(k+1)}. \tag{4.21}$$

이로부터 다음을 얻는다.

$$\lim_{\varepsilon \to 0^+} \int_{\alpha_2} \omega_1 = \lim_{\varepsilon \to 0^+} \int_{\alpha_4} \omega_1 = 0. \tag{4.22}$$

이들로부터 결과를 얻는다. ■

소정리 4.5.4.

$$\int_{\tilde{\alpha}} \omega_2 = \bar{c_1} B. \tag{4.23}$$

증명. 이에 대한 증명은 약간 더 복잡하다. 문제는

$$\alpha_2\text{에선} \quad |1/w(z^2-1)| \sim D_3 \epsilon^{-(k+2)/(k+1)}. \tag{4.24}$$

따라서 $\int_{\alpha_2} |\omega_2| \sim D_4 \epsilon^{-1/(k+1)}$ 인데 $\lim_{\varepsilon \to 0^+} \epsilon^{-1/(k+1)} = \infty$ 이므로 위와 같은 논법이 성립하지 않는다.

이를 극복하기 위해 먼저 다음을 정의한다.

$$\begin{aligned} \omega_3 &:= \omega_2 + \frac{k+1}{2} d\left(\frac{z}{w}\right) \\ &= \frac{dz}{w(z^2-1)} + \frac{k+1}{2}\left(\frac{dz}{w} - \frac{z\,dw}{w^2}\right) = -\frac{dz}{2w}. \end{aligned}$$

이러면

$$\int_{\tilde{\alpha}} \omega_2 = \int_{\tilde{\alpha}} \omega_3 = -\frac{1}{2}\int_{\tilde{\alpha}} \frac{dz}{w} = -\frac{1}{2}\int_{\tilde{\alpha}} \frac{dz}{w}.$$

이제 앞에서와 같은 논리를 사용하여 결론을 얻을 수 있다. ■

위 소정리들로부터 $c = \sqrt{A/B}$ 여야 함을 얻는다.

나머지 닫힌 곡선들에 대해서는 원 논문을 잘 읽어보기 바란다.

4.5.5 대칭성

정의 4.5.1. $\theta_k := \pi/(k+1)$ 라 할 때

$$\kappa(z,w) := (\bar{z}, \bar{w}), \qquad \lambda(z,w) := (-z, \rho^k w), \quad \rho := e^{i\theta_k},$$

$$K := \begin{pmatrix} 1 & 0 & 0 \\ 0 & -1 & 0 \\ 0 & 0 & 1 \end{pmatrix}, \quad L := \begin{pmatrix} \cos\theta_k & -\sin\theta_k & 0 \\ \sin\theta_k & \cos\theta_k & 0 \\ 0 & 0 & -1 \end{pmatrix}.$$

소정리 4.5.5. $\phi := \left((1-g^2)\omega, i(1+g^2), 2g\omega\right)^T$ 에 대하여

$$g \circ \lambda = \rho^{-k} g, \quad g \circ \kappa = \bar{g}, \quad \lambda^\star \omega = -\rho^k \omega, \quad \kappa^\star \omega = \bar{\omega},$$
$$\kappa^\star \phi = K\bar{\phi}, \quad \lambda^\star \phi = L\phi.$$

이로부터 곡면의 대칭성을 얻는다. 즉

소정리 4.5.6 (참고문헌 1의 식 (4.2)).

$$X \circ \kappa(z.w) = KX(z.w), \quad X \circ \lambda(z.w) = LX(z.w).$$

제 5 장

3차원 로렌츠 공간의 공간적 극대 곡면론

5.1 로렌츠 평면의 공간적 곡선의 곡률

[7]에서도 볼 수 있는 바와 같이 미분 기하학의 시작은 평면 곡선의 곡률을 이해하는 것으로부터 시작한다. 여기서는 로렌츠 평면의 공간적 곡선의 곡률 또한 접원의 반지름의 역수로 정의하면 유클리드 평면 곡선의 곡률식과 비슷한 식이 얻어짐을 보이고자 한다.

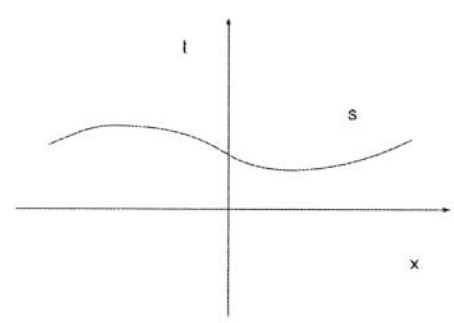

정의 5.1.1. 로렌츠 평면에 있는 곡선을 하나 선택하라. 이 곡선이 공간적이라 함은 그 곡선에 접하는 모든 비영(*非零, nonzero*)-벡터들이 공간적 벡터임을 말한다.

참고로 어떤 벡터 $(a, b)_{(x_0, t_0)}$가 공간적이라 함은 $a^2 - b^2 > 0$임을 말한다.

곡선의 곡률을 정의하기 위해선 먼저 원의 정의를 알 필요가 있다. 점 (x_0, t_0)에서 거리가 $r \in \mathbb{R}^+ \cup \{0\} \cup i\mathbb{R}^+$로 일정한 점들의 집합을 중심이 (x_0, t_0), 반지름이 r인 원이라 하자. 이 원이 만족시키는 방정식은 다음과 같다.

$$\sqrt{(x - x_0)^2 - (t - t_0)^2} = r \quad \Leftrightarrow \quad (x - x_0)^2 - (t - t_0)^2 = r^2.$$

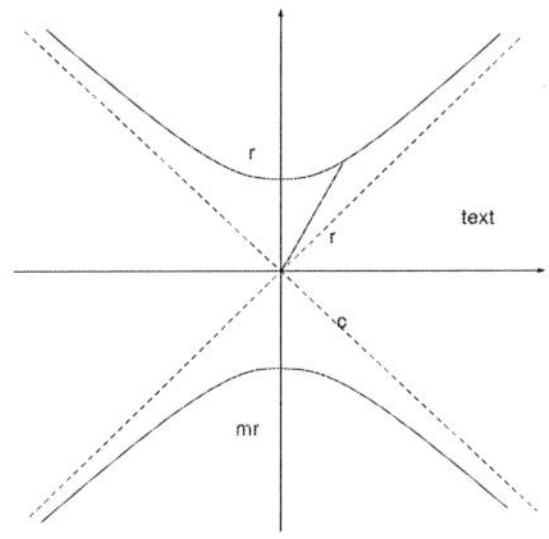

정의 5.1.2. 임의의 공간적 곡선 γ의 점 P에서의 곡률을 구하기 위하여 이 곡선의 두 점 Q, R을 지나는 원을 찾아 r을 구한 후 $Q, R \to P$인 극한을 통해 다음과 같이 곡률을 정의한다.

$$\kappa 2[\gamma](t) := \lim_{Q,R\to P} \frac{1}{r}.$$

이 정의로부터 실제 식을 유도하는 방법에는 여러 가지가 있다. [7, 1장2절]에 4가지 방법을 적어두었는데 그 모든 방법을 로렌츠 평면의 공간적 극소곡면에도 적용할 수 있다. 편의상 우리는 그 중 다음과 같이 진행한다.

우선 로렌츠 원의 호의 길이에 대한 지식이 필요하다. 중심이 원점에 있고 반지름이 $r > 0$인 시간적 로렌츠 원에서 $t > 0$인 부분은 다음과 같이 쓰여진다.

$$\alpha(\theta) = (r\sinh\theta, r\cosh\theta).$$

소정리 5.1.1. 위 부분에서 $0 \le \theta \le \theta_0$인 원호의 로렌츠 길이 l은 $l = r\theta_0$ 이다.

증명. 곡선을 $\alpha(\theta) = (r\sinh\theta, r\cosh\theta)$라고 놓자. 그러면,

$$|\dot{\alpha}(\theta)| = [(r\cosh\theta)^2 - (r\sinh\theta)^2]^{1/2} = r$$

이다. 그러므로

$$l = \int_0^{\theta_0} |\dot{\alpha}(\theta)|\, d\theta = r\theta.$$

■

이제 공간적 곡선 $\gamma(s) = (x(s), t(s))$를 생각하라. 그리고 점 $\gamma(s)$에서의 법선 $\ell(s)$와 $\gamma(s+\Delta s)$에서의 법선 $\ell(s+\Delta s)$를 생각하라. 두 직선은 모두 시간적이다. $\ell(s)$와 $\ell(s+\Delta s)$가 한 점 O에서 만난다고 할 때 그 사잇각의 크기를 $\Delta\theta$라 하자. 그리고 $\gamma(s)$와 $\gamma(s+\Delta s)$ 사이의 곡선의 길이를 $\Delta l(s)$라 하자. 이러면 다음을 알 수 있다.

따름정리 5.1.1. 점 O에 중심이 있고 점 $\gamma(s)$를 지나는 로렌츠 원의 반지름을 r이라 하자. 그러면 $1/r \sim \Delta\theta/\Delta l$.

증명은 위 식으로부터 간단히 나온다. 따라서

$$\kappa 2[\gamma] = \lim \frac{1}{r} = \lim \frac{\Delta\theta}{\Delta l}. \tag{5.1}$$

그런데 다음이 성립한다.

소정리 5.1.2. $\Delta\theta$, 즉 $\ell(s)$와 $\ell(s+\Delta s)$가 이루는 각의 크기, 와 $\dot{\gamma}(s)$와 $\dot{\gamma}(s+\Delta s)$가 이루는 각의 크기는 서로 같다.

증명. 간단하니 반드시 직접 해 보기 바란다. ■

따라서 $\dot{\gamma}(s)$와 x 축이 이루는 각의 크기를 $\theta(s)$라 하고, $\gamma(s_0)$에서 $\gamma(s)$까지의 곡선 γ의 길이를 $l(s)$라 하면 다음을 얻을 수 있다.

$$\kappa 2[\gamma] = \lim \frac{\Delta\theta}{\Delta l} = \lim \frac{\Delta\theta/\Delta s}{\Delta l/\Delta s} = \frac{d\theta/ds}{dl/ds}.$$

이 때 $\dot{t}(s)/\dot{x}(s) = \tanh\theta(s)$ 이므로

$$\frac{\ddot{t}\dot{x} - \dot{t}\ddot{x}}{(\dot{x})^2} = \operatorname{sech}^2\theta(s)\frac{d\theta}{ds}.$$

즉

$$\begin{aligned}\frac{d\theta}{ds} &= (\cosh^2\theta(s)) \cdot \frac{\ddot{t}\dot{x} - \dot{t}\ddot{x}}{(\dot{x})^2} \\ &= \left(\frac{\dot{x}}{\sqrt{-\dot{t}^2 + \dot{x}^2}}\right)^2 \frac{\ddot{t}\dot{x} - \dot{t}\ddot{x}}{(\dot{x})^2} = \frac{\ddot{t}\dot{x} - \dot{t}\ddot{x}}{-\dot{t}^2 + \dot{x}^2}.\end{aligned}$$

이 때 $\frac{dl}{ds} = |\dot{\gamma}(s)| = \sqrt{-\dot{t}^2 + \dot{x}^2}$ 이므로, $\mathrm{J}(\dot{x}, \dot{t}) := (\dot{t}, \dot{x})$ 라 할 때

$$\kappa 2[\gamma] = \frac{\ddot{t}\dot{x} - \dot{t}\ddot{x}}{(-\dot{t}^2 + \dot{x}^2)^{3/2}} = -\frac{\mathrm{J}(\dot{x}, \dot{t}) \cdot (\ddot{x}, \ddot{t})}{|\dot{\gamma}(s)|^{3/2}}.$$

그런데 모든 s 에 대하여 $|\dot{\gamma}(s)| = 1$ 이면 $\mathrm{J}(\dot{x}, \dot{t})$ 는 $(\ddot{x}, \ddot{t})$ 에 수직인 단위벡터, 이를 ν 라고 하자, 가 된다. 따라서 다음이 얻어진다.

$$\kappa 2[\gamma] = \nu \cdot \ddot{\gamma}. \tag{5.2}$$

문제 5.1.1. 로렌츠 평면에서 곡률이 일정한 공간적 곡선을 찾아보자. *(참고: 유클리드 평면 $\mathbb{E}^2$ 에서는 직선이나 원이다.)*

로렌츠 공간곡선의 곡률과 열률에 대한 논의는 생략한다. 곡면의 곡률에 관한 이론을 전개하는데 당장 꼭 필요하지는 않기 때문인다.

5.2 로렌츠 공간의 공간적 곡면의 가우스 곡률과 평균 곡률

다음 문제를 풀 수 없으면 로렌츠 공간의 기하에 대하여 다시 공부하고 나서 이 절을 읽기를 권한다.

문제 5.2.1. 다음 문제를 풀어 보자.

1. 점 (x_0, y_0, t_0)을 지나고 벡터 (v_0, v_1, v_2)에 수직인 평면의 방정식을 써 보아라.

2. 함수 $F(x, y, t)$의 등위면으로 주어지는 곡면에 점 (x_0, y_0, t_0)이 있을 때 그 점에서의 접평면의 방정식을 써 보아라.

이제 로렌츠 공간의 곡면의 곡률을 정의하고자 한다. 유클리드 경우를 잘 아는 것이 이 절의 내용을 이해하는 데 도움이 되는데 [7, 3장]을 참고하기 바란다.

모양연산자에 대하여 알아보자. 이제 공간적 곡면 M의 곡률에 대하여 생각하자. 먼저 곡면의 임의의 점 p에서 곡면에 수직인 단위법벡터를 ν_p라 하자. 곡면이 공간적 벡터기 때문에 ν_p는 시간적 벡터다. 이제 이함 점 $p \in M$을 고정하고 이 점 에서 곡면에 접하는 단위 벡터를 하나 선택하고 이를 v_p라 하자. 그러고 나서 ν_p와 v_p를 포함하는 평면을 $\Pi(\nu_p, v_p)$라 하자. 그러면 일반적으로 $M \cap \Pi(\nu_p, v_p)$는 곡선이 될 것인데 이에 대하여 이 곡선을

$$\alpha(0) = p, \quad \alpha'(0) = v_p$$

를 만족시키는 단위속력곡선 α로 나타낼 수 있다. 이 곡선은 로렌츠 평면에 있는 공간적 곡선이다. 이제 앞 절에서 공부한 내용(로렌츠 평면의 공간적 곡선에 대한 곡률의 정의)을 적용하여 이 곡선의 곡률을 생각해 보자. 먼저 이 곡선을 따라서 곡면의 법벡터 ν를 생각할 필요가 있는데 기호를 간단히 하기 위하여 $\nu_{\alpha(t)}$를 $\nu(t)$로 나타내기로 하자.

이제 다음을 얻을 수 있다. ([7, 4장 1절] 참조할 것. 또는 로렌츠 평면에서는 (5.2)를 볼 것.)

$$\text{곡률} = \langle \alpha''(0), \nu(0) \rangle.$$

따라서 $\langle \alpha''(0), \nu(0) \rangle$를 잘 들여다 봐야 하는데 이를 다음과 같이 바꾸어 살펴보자.

사실은 모든 t에 대하여 $\langle \alpha'(t), \nu(t) \rangle = 0$ 이므로

$$\langle \alpha''(t), \nu(t) \rangle = \langle \alpha'(t), -\nu'(t) \rangle$$

이다. 이 때 $-\nu'(t)$도 곡면에 접하는 벡터다.

소정리 5.2.1. $-\nu'(0) \in T_pM$.

증명. $-1 = \langle \nu(t), \nu(t) \rangle$로부터 $0 = \langle \nu', \nu \rangle$이 따라 나온다. 따라서 증명되었다. ■

정의 5.2.1. 곡면 X가 주어졌을 때 모양 연산자 S와 제2 기본 형식 II를 다음과 같이 정의한다.

1. $S(v_p) := -\nu'(0) = -\frac{d}{dt}\big|_{t=0} N \circ \alpha(t)$.

2. $II(v_p, w_p) := \langle S(v_p), w_p \rangle$.

정리 5.2.1. 다음이 성립한다.

- $S : T_pM \to T_pM$.
- S는 선형이다.
- S는 대칭이다.

[7, 정리 3.4.1]과 비교하여 그 의미와 증명을 생각해 보아라. 자, 여기서부터는 특별한 말이 없는 한 곡면을

$$\vec{X} : (u, v) \in \mathcal{U} \subset \mathbb{R}^2 \to \mathbb{L}^3$$

로 바라본다. 다음 정의에는 두 로렌츠 공간 벡터의 외적(×)이 등장하는데, 그 정의와 성질에 대해서는 [?, 5장3절]을 참조하라.

정의 5.2.2.

$$E := \langle X_u, X_u\rangle, \quad F := \langle X_u, X_v\rangle, \quad G := \langle X_v, X_v\rangle,$$
$$N := \frac{X_u \times X_v}{|X_u \times X_v|},$$
$$\ell := \langle X_{uu}, N\rangle, \quad m := \langle X_{uv}, N\rangle, \quad n := \langle X_{vv}, N\rangle.$$

소정리 5.2.2.

$$\begin{pmatrix} S(X_u) \\ S(X_v) \end{pmatrix} = \begin{pmatrix} l & m \\ m & n \end{pmatrix} \begin{pmatrix} E & F \\ F & G \end{pmatrix}^{-1} \begin{pmatrix} X_u \\ X_v \end{pmatrix}.$$

증명. [7, 정리 3.4.4]의 증명을 따라하면 된다. ■

따름정리 5.2.1.

$$[S]_{\{X_u, X_v\}} = \begin{pmatrix} E & F \\ F & G \end{pmatrix}^{-1} \begin{pmatrix} l & m \\ m & n \end{pmatrix}.$$

정의 5.2.3. 곡면의 점 p에서의 비영-접벡터 v_p 방향으로의 법곡률 $\kappa_n(v_p)$를 다음과 같이 정의한다.

$$\kappa_n(v_p) := \frac{\langle S(v_p), v_p\rangle}{\langle v_p, v_p\rangle}.$$

소정리 5.2.3. κ_n의 최댓값을 $\kappa_1 = \kappa_n(e_1)$ 이라 하고 κ_n의 최솟값을 $\kappa_2 = \kappa_n(e_2)$ 이라 하면, $e_1 \perp e_2$이고 $\kappa_1, \kappa_2, e_1, e_2$는 S의 고유값과 고유벡터이다.

증명. (1) κ_1의 존재성 : $v_p \in \mathbb{S}^1 \subset T_pM \mapsto \kappa_n(v_p) \in \mathbb{R}$의 연속성을 사용한다.

(2) $|e_1| = 1$이라 하고 $\tilde{e}_2$는 e_1에 수직인 단위접벡터라 하자. 임의의 $\theta \in [0, 2\pi)$에 대하여 $v_p := \cos\theta\, e_1 + \sin\theta\, \tilde{e}_2$라 하면 $|v_p| = 1$이고

$$\begin{aligned}\kappa_n(\theta) = \kappa_n(v_p) &= \langle Sv_p, v_p\rangle \\ &= \cos^2\theta\langle Se_1, e_1\rangle + \cos\theta\sin\theta\langle Se_1, \tilde{e}_2\rangle \\ &\quad + \cos\theta\sin\theta\langle S\tilde{e}_2, e_1\rangle + \sin^2\theta\langle S\tilde{e}_2, \tilde{e}_2\rangle\end{aligned}$$

이다. 이 함수는 $\theta = 0$일 때 최대값을 가지므로 다음이 성립한다.

$$0 = \left.\frac{d}{d\theta}\right|_{\theta=0} \kappa_n(\theta) = \langle Se_1, \tilde{e}_2\rangle + \langle S\tilde{e}_2, e_1\rangle = 2\langle Se_1, \tilde{e}_2\rangle.$$

따라서 $Se_1 \perp \tilde{e}_2$. 따라서, 어떤 $\tilde{\kappa}_1$에 대하여 $Se_1 = \tilde{\kappa}_1 e_1$. 즉 e_1은 S의 고유벡터임을 알 수 있다. 이 때

$$\kappa_n(e_1) = \langle Se_1, e_1\rangle = \tilde{\kappa}_1\langle e_1, e_1\rangle = \tilde{\kappa}_1.$$

따라서 해당 고유값 $\tilde{\kappa}_1$은 $\kappa_n(e_1) = \kappa_1$ 임을 알 수 있다.

마찬가지 논리로 e_2는 S의 고유벡터고 해당 고유값은 κ_2 임을 알 수 있다.

이제 S가 self-adjoint이므로 고유값이 다른 두 고유벡터는 서로 수직임을 알고 있다. 따라서 e_1, e_2는 서로 수직이다.[1] ■

곡면의 곡률함수는 $\mathbb{E}^3$의 곡면에 대하여 가우스 곡률 평균 곡률에 대한 정의를 그대로 사용한다.

정의 5.2.4. 로렌츠 공간의 공간적 곡면에 대하여 다음과 같이 가

1) T가 주어진 내적에 대하여 self-adjoint이면 정규직교바탕벡터 $B = \{v_i\}$에 대하여 그 표현 $[T]_B$는 대칭행렬이 된다. 그러나 일반적인 바탕벡터에 대하여는 그렇지 않다.

우스 곡률 K, 평균 곡률 H를 정의한다.

$$K := \det S, \quad H := \frac{1}{2}\operatorname{tr} S.$$

소정리 5.2.4.

$$K = \kappa_{max}\kappa_{min} = \frac{\ell n - m^2}{EG - F^2},$$
$$H = \frac{1}{2}(\kappa_{max} + \kappa_{min}) = \frac{1}{2}\frac{En - 2Fm + G\ell}{EG - F^2}.$$

문제 5.2.2. 반지름의 길이가 $r > 0$인 공간적 구면의 평균 곡률은 $1/r$ 또는 $-1/r$로 일정함을 보여라.

유클리드 공간에 있는 곡면의 가우스 곡률, 평균 곡률에 대한 의미를 로렌츠 공간에 있는 공간적 곡면의 가우스 곡률, 평균 곡률에 대해서도 생각할 수 있다.

문제 5.2.3. 로렌츠 공간에 있는 공간적 곡면의 가우스 곡률의 의미에 대하여 서술하여라.

문제 5.2.4. 로렌츠 공간에 있는 공간적 곡면의 평균 곡률의 의미에 대하여 서술하여라.

5.3 극대곡면의 정의

xy평면의 한 영역 $\mathcal{U}$에 정의된 함수 $t = f(x, y)$의 그래프로 주어지는 공간적 곡면을 생각해 보라. 단, $\mathcal{U}$의 둘레 $\partial\mathcal{U}$의 점에서는 f의 값이 0이라고 하자. 공간적 곡면이란 것은 다음이 성립한다는 것이다.

$$\text{모든 } (x, y) \in \mathcal{U}\text{에 대하여 } 1 - f_x^2(x, y) - f_y^2(x, y) > 0.$$

그러면 이 곡면의 넓이 $A(f)$는 다음과 같이 주어진다.

$$A(f) = \iint_{\mathcal{U}} \sqrt{1 - f_x^2 - f_y^2} dxdy \leq \iint_D 1 dxdy = A(\mathcal{U}).$$

따라서 넓이는 $f = 0$일 때 최대가 된다.

일반적으로 어떤 일정한 둘레를 가지는 모든 곡면들 중에서 넓이가 최대가 되는 곡면의 성질은 무엇인가? 그것은 평균 곡률이 모든 점에서 0이 되는 것이다.

평균 곡률의 식은 다음과 같다.

$$H = \frac{1}{2} \frac{(1 - f_y^2) f_{xx} + 2 f_x f_y f_{xy} + (1 - f_x^2) f_{yy}}{\sqrt{1 - f_x^2 - f_y^2}}.$$

따라서 극대곡면방정식은 다음과 같다.

$$0 = (1 - f_y^2) f_{xx} + 2 f_x f_y f_{xy} + (1 - f_x^2) f_{yy}. \tag{5.3}$$

정의 5.3.1. 공간적 곡면 중 모든 점에서 평균 곡률이 0인 곡면을 극대곡면이라 한다.

5.4 극대곡면의 예

5.4.1 회전극대곡면

회전극대곡면에 대해여 생각해 보자. 유클리드 공간의 회전극소곡면과 다른 점은, 회전의 축이 세 가지 종류가 있다는 것이다. 따라서, 로렌츠 공간에는 세 가지 회전극대곡면이 존재한다.

5.4.1.1 타원회전에 불변인 극대곡면

$$X(u, v) = (f(u) \cos v, f(u) \sin v, u).$$

v는 회전매개변수다. 다음을 얻는다.

$$X_u = (f' \cos v, f' \sin v, 1),$$
$$X_v = (-f(u) \sin v, f(u) \cos v, 0),$$
$$E = f'^2 - 1, \qquad F = 0, \qquad G = f^2.$$

여기서, 우리는 공간적 곡면을 생각하고 있기 때문에 다음 조건을 넣는다.

$$f'^2 > 1. \tag{5.4}$$

자,

$$X_{uu} = (f'' \cos v, f'' \sin v, 0),$$
$$X_{uv} = (-f' \sin v, f' \cos v, 0),$$
$$X_{vv} = (-f \cos v, -f \sin v, 0),$$
$$X_u \times X_v = -f(\cos v, \sin v, f'),$$
$$\ell = -f''/\sqrt{f'^2 - 1}, \quad m = 0, \quad n = f/\sqrt{f'^2 - 1}.$$

따라서 $H \equiv 0$은 다음과 필요충분조건이다.

$$f'^2 - 1 = ff''. \tag{5.5}$$

이 미분방정식의 해는, $f(u) = \pm u + D$이거나 다음과 같다.

$$f(u) = \frac{1}{C} \sinh(\pm Cu + D).$$

(5.4) 때문에 $f(u) = \pm u + D$는 답에서 제한다. 그러면 정의역의 재구성, t-축에 대한 평행이동, 등비변환 등을 고려하여 곡면은 다음과 같다.[2)]

$$X(u, v) = (\sinh u \cos v, \sinh u \sin v, u). \tag{5.6}$$

2) 그림 B.1a

5.4.1.2 쌍곡회전에 불변인 극대곡면

이 경우 축이 x-축인 경우를 생각하라. 일단 회전곡면은 다음과 같이 쓰여진다.

$$X(u,v) = (u, g(u)\sinh v, g(u)\cosh v).$$

이 곡면의 평균 곡률을 계산하기 위하여 다음을 먼저 계산한다.

$$X_u = (1, g'\sinh v, g'\cosh v), \quad X_v = (0, g\cosh v, g\sinh v),$$
$$E = 1 - g'^2, \qquad F = 0, \qquad G = g^2.$$

공간적 곡면이기 때문에 다음이 성립하기를 원한다.

$$g'^2 < 1. \tag{5.7}$$

이러면

$$N = (g', \sinh v, \cosh v)/\sqrt{1-g'^2},$$
$$\ell = -g''/\sqrt{1-g'^2}, \qquad n = -g/\sqrt{1-g'^2}.$$

따라서 극대곡면방정식은 다음과 같아진다.

$$-1 + g'^2 = gg''. \tag{5.8}$$

이것의 해는 $g(u) = \pm u + B$ 또는 다음과 같다.[3)]

$$g(u) = \frac{1}{C}\sin(Cu + D) + E.$$

(5.7) 때문에 $g(u) = \pm u + B$는 답에서 제한다. 따라서 구하는 극대곡면의 식은, x-축을 따라 움직이는 평행이동, 원점에 대한 등비변환, 정의역 변환 등을 고려하였을때, 다음과 같다.[4)]

$$X(u,v) = (u, \sin u\sinh v, \sin u\cosh v). \tag{5.9}$$

---

3) (5.5)과 (5.8)는 같은 미분방정식이나 다른 답을 제시하고 있다. 그 이유는 무엇일까?

4) 그림 B.1b

5.4.1.3 포물회전에 불변인 극대곡면

xt-평면에서 다음과 같은 새로운 좌표를 생각하라.

$$\alpha = \frac{x+t}{2}, \quad \beta = \frac{x-t}{2}.$$

이제 $\alpha\beta$-좌표에서 $\alpha = h(\beta)$로 주어지는 함수의 그래프를 xt-평면에서 생각하면 다음과 같다.

$$\begin{pmatrix} x \\ 0 \\ t \end{pmatrix} = \begin{pmatrix} h(\beta)+\beta \\ 0 \\ h(\beta)-\beta \end{pmatrix}.$$

이 곡선을 포물회전으로 돌리면 얻어지는 곡면의 식은 다음과 같이 쓰여질 수 있다.[5)]

$$X(u,v) = \begin{pmatrix} 1-v^2/2 & v & v^2/2 \\ -v & 1 & v \\ -v^2/2 & v & 1+v^2/2 \end{pmatrix} \begin{pmatrix} h(u)+u \\ 0 \\ h(u)-u \end{pmatrix}. \tag{5.10}$$

이를 정리하면

$$X(u,v) = (h(u) - uv^2 + u, -2uv, h(u) - uv^2 - u).$$

이로부터 다음 계산들이 얻어진다.

$$\begin{gathered} X_u = (h' - v^2 + 1, -2v, h' - v^2 - 1), \\ X_v = -2u(v,1,v), \\ X_u \times X_v = 2u(h' + v^2 - 1, 2v, h' + v^2 + 1), \\ E = 4h', \qquad F = 0, \qquad G = 4u^2, \\ X_{uu} = h''(1,0,1), \qquad X_{uv} = -2(v,1,v), \\ X_{vv} = -2u(1,0,1). \end{gathered}$$

5) 포물회전곡면을 위와 같이 나타내는, 또는 위와 같이 나타낼 수 있는 이유를 이해하는 것이 필요하다.

따라서

$$\tilde{\ell} := X_{uu} \cdot X_u \times X_v = -4uh'', \quad \tilde{n} := X_{vv} \cdot X_u \times X_v = 8u^2.$$

그러므로

$$\tilde{H} := E\tilde{n} + G\tilde{\ell} = 16u^2(2h' - uh'').$$

따라서

$$H = 0 \Leftrightarrow \tilde{H} = 0 \Leftrightarrow 2h'(u) = uh''(u).$$

마지막 미분 방정식의 해는 다음과 같다.

$$h(u) = A^2\frac{u^3}{3} + B.$$

단, A, B는 임의의 실수다. 여기서 $A = 1$, $B = 0$으로 선택하면 $h(u) = \frac{u^3}{3}$이며 이로부터 다음 식이 얻어진다.[6)]

$$X(u, v) = (u + \frac{u^3}{3} - uv^2, -2uv, -u + \frac{u^3}{3} - uv^2). \tag{5.11}$$

질문 5.4.1. $A = 1, B = 0$이 아닌 경우의 곡면은 위 곡면과 어떤 관계에 있는가? *(참고로, 그건 $E = G$가 되는 유일한 값이다.)*

질문 5.4.2. 위에서 포물회전곡면의 식은 α를 β의 함수로 표현하여 구하였다. 거꾸로 β를 α의 함수로 구하면 어떻게 되는가?

5.4.2 셔억-형 극대곡면

유클리드 공간에서 $z = f(x) + g(y)$꼴로 생긴 극소곡면은 결국 평면이거나

$$z = \ln\frac{\cos x}{\cos y}$$

6) 그림 B.1c

의 그래프의 변형으로 쓰여진다. 이에 상응하는 로렌츠 공간의 극대곡면을 생각해 보자. 유클리드 공간에서와는 달리 로렌츠 공간에서는 세 가지 경우를 생각한다.

- $t = f(x) + g(y)$ 꼴로 쓰여지는 극대곡면
- $y = f(x) + g(t)$ 꼴로 쓰여지는 극대곡면
- 이 경우를 설명하는 것조차 쉽지 않다. 위에서 첫째 경우는 공간적 평면의 그래프로 주어지는 경우, 둘째 경우는 시간적 평면의 그래프로 주어지는 경우다. 그래서 셋째 경우는 광적 평면의 그래프로 주어지는 경우를 생각하는데 이 경우 식은 다음과 같이 주어질 것이라고 나는 생각한다:

  $$y = f(x+t) + g(x-t).$$

5.4.2.1 $t = f(x) + g(y)$ 꼴의 극대곡면

이제 극대 곡면 방정식 (5.3)를 적용하면 다음이 얻어진다.

$$(1 - g'(y)^2)f''(x) + (1 - f'(x)^2)g''(y) = 0.$$

변수분리법을 이용하여 이를 풀어 정리하면 다음이 얻어진다. $t = \ln\cosh x - \ln\cosh y$. 이는 다음 음함수로 주어진 곡면의 일부다.[7)]

$$e^t \cosh y = \cosh x. \tag{5.12}$$

5.4.2.2 $y = f(x) + g(t)$ 꼴의 극대곡면

이런 곡면은 다음과 같이 쓸 수 있다:

$$X(u,v) = (u, f(u) + g(v), v).$$

7) 그림 B.1d

간단한 계산으로 다음이 얻어진다.

$$X_u = (1, f', 0), \qquad X_v = (0, \dot{g}, 1),$$
$$X_u \times X_v = (f', -1, -\dot{g}),$$
$$X_{uu} = (0, f'', 0), \qquad X_{uv} = (0, 0, 0), \qquad X_{vv} = (0, \ddot{g}, 0),$$
$$E = 1 + (f')^2, \qquad F = f'\dot{g}, \qquad G = (\dot{g})^2 - 1.$$

따라서

$$\begin{aligned}\tilde{\ell} &:= X_{uu} \cdot X_u \times X_v = -f'',\\ \tilde{m} &:= X_{uv} \cdot X_u \times X_v = 0,\\ \tilde{n} &:= X_{vv} \cdot X_u \times X_v = -\ddot{g}.\end{aligned}$$

그러므로

$$\tilde{H} := E\tilde{n} + G\tilde{\ell} = -(1 + (f')^2)\ddot{g} - (\dot{g}^2 - 1)f''.$$

변수분리법을 적용하여 다음을 얻는다.

$$\frac{\ddot{g}}{1 - (\dot{g})^2} = \frac{f''}{1 + (f')^2} = C. \tag{5.13}$$

여기서 C는 임의의 상수다. 이 두 미분방정식을 풀면 다음과 같다.

$$\begin{aligned}f(u) &= -\frac{1}{C}\ln\cos(-Cu + D) + E,\\ g(v) &= \frac{1}{C}\ln\sinh(Cv + F) + G.\end{aligned} \tag{5.14}$$

여기서 D, E, F, G도 임의의 상수다. 그러므로 주어진 곡면은, 평행이동 및 확대/축소를 고려하여, 다음 곡면 $y = \ln\sinh t - \ln\cos x$을 얻는데 이는 다음 음함수로 주어진 곡면의 일부다.[8)]

$$e^y \cos x = \sinh t. \tag{5.15}$$

8) 그림 B.1e

그런데

$$f(u) := \frac{1}{-C} \ln \sin(-Cu + D) + E$$

도 (5.13)의 답이다. $\sin(x - \frac{\pi}{2}) = \cos x$, $\cos(x - \frac{\pi}{2}) = \sin x$ 인 관계식을 통하여 이는 (5.13)과 같은 답임을 알 수 있다. 평행이동을 통하여 이 둘은 같기 때문에 이를 답으로 택해도 본질적으로 같은 곡면이 얻어진다. 그런데

$$g(v) = \frac{1}{C} \ln \cosh(Cv + F) + G$$

또한 (5.13)의 답인데 이는 다음 관계 $\cosh(x + \frac{\pi}{2}i) = i \sinh x$, $\sinh(x + \frac{\pi}{2}i) = i \cosh x$를 이용하면 왜 (5.14)와 같은 답인지 알 수 있다. 그러나 이는 f의 경우와는 달리 이를 답으로 택하면 (5.14)와 같은 곡면을 주지 않는다. 사실은 이 경우 $(\dot{g})^2 - 1 < 0$이어서 $t = f(x) + g(y)$의 그래프는 공간적 극대 곡면이 아닌 시간적 극소 곡면이 된다.

5.4.2.3 $\frac{x-t}{2} = f(\frac{x+t}{2}) + g(y)$ 꼴의 극대곡면

위 두 가지 경우는 기저 평면[9)]을 공간적 평면이나 시간적 평면으로 생각한 경우다. 그렇다면 광적 평면을 기저 평면으로 하여 같은 문제를 생각해 볼 수 있을까? 예를 들어 광적 평면 $x = t$에 정의된 그래프 중 위와 같은 성질을 가지는 그래프가 있을까?

이 문제를 수식화하는게 조금 아리송한데 다음과 같이 진행할 수 있다. 먼저 앞에서 푼 문제들을 보면 다음과 같은 곡면들을

9) base plane

생각하는 것임을 알 수 있다.

$$\begin{aligned} X(u,v) &= ue_1 + ve_2 + (f(u)+g(v))e_0 \\ &= (ue_1 + f(u)e_0) + (ve_2 + g(v)e_0), \\ X(u,v) &= ue_1 + ve_0 + (f(u)+g(v))e_2 \\ &= (ue_1 + f(u)e_2) + (ve_0 + g(v)e_2). \end{aligned}$$

같은 맥락에서 먼저 광적 평면 $x = t$의 기저를 다음과 같이 잡는다. $e_1 + e_0 = (1,0,0) + (0,0,1) = (1,0,1)$, $e_2 = (0,1,0)$. 이제 여기에다가 $e_1 - e_0 = (1,0,-1)$을 첨가하면 공간의 기저가 된다. 이제 다음과 같은 곡면을 생각한다.

$$\begin{aligned} X(u,v) &= u(e_1+e_0) + ve_2 + (f(u)+g(v))(e_1-e_0) \\ &= u(e_1+e_0) + f(u)(e_1-e_0) + ve_2 + g(v)(e_1-e_0) \\ &= u(e_1+e_0) + ve_2 + (f(u)+g(v))(e_1-e_0) \\ &= (u+f(u)+g(v), v, u-f(u)-g(v)). \end{aligned}$$

이 X에 대하여 다음이 성립한다.

$$\begin{gathered} X_u = (1+\dot{f}, 0, 1-\dot{f}), \quad X_v = (g', 1, -g'), \\ E = 4\dot{f}(u), \quad F = 2g'(v), \quad G = 1, \\ X_{uu} = (\ddot{f}, 0, -\ddot{f}), \quad X_{uv} = (0,0,0), \quad X_{vv} = (g'', 0, -g''), \\ X_u \times X_v = (\dot{f}-1, 2g', -\dot{f}-1), \\ \tilde{\ell} := X_{uu} \cdot X_u \times X_v = -2\ddot{f}, \\ \tilde{m} := X_{uv} \cdot X_u \times X_v = 0, \\ \tilde{n} := X_{vv} \cdot X_u \times X_v = -2g'', \\ \tilde{H} := E\tilde{n} - 2F\tilde{m} + G\tilde{\ell} = -2(4\dot{f}g'' + \ddot{f}). \end{gathered}$$

따라서 다음을 얻는다.

$$H = 0 \Leftrightarrow \tilde{H} = 0 \Leftrightarrow \frac{\ddot{f}(u)}{\dot{f}(u)} = -4g''(v) = C.$$

$C=0$이면 f와 g 모두 선형함수다. $C\neq 0$일 때 이를 풀면 다음을 얻는다.

$$f(u)=Ae^{Cu}+B, \qquad g(v)=-\frac{C}{8}v^2+Dv+E.$$

단 $A>0$. 이로부터 다음과 같은 곡면의 식을 얻는다.

$$\begin{aligned}X(u,v)=(&u+Ae^{Cu}-\frac{C}{8}v^2+Dv,\\ &v,u-Ae^{Cu}+\frac{C}{8}v^2-Dv)+(B+E,0,-B-E).\end{aligned}$$

평행이동을 통하여 $B=E=0$이라고 할 수 있다. 그리고 정의역에서 v 방향으로의 평행이동을 통하여 $D=0$이라고 할 수 있다. 그리고 곡면의 식 전체에 C를 곱한 다음 (Cu,Cv)를 u,v로 치환하면

$$X(u,v)=(u+Ae^u-\frac{1}{8}v^2,v,u-Ae^u+\frac{1}{8}v^2).$$

이라고 할 수 있다. 이제 $A=e^k$라 하고 $u+k$를 다시 u라 한 후 $(k,0,k)$ 만큼 평행이동시키면 X는 다음과 같다.[10)]

$$X(u,v)=(u+e^u-\frac{1}{8}v^2,v,u-e^u+\frac{1}{8}v^2). \tag{5.16}$$

5.5 극대 곡면에 대한 바이에르스트라스 표현식

극대 곡면에 대한 바이에르스트라스 표현식은 [19]에 처음 발표되었다.

$X:\mathcal{U}\subset\mathbb{R}^2\to\mathbb{L}^3$가 공간적 곡면이라고 하자. 즉 $EG-F^2>0$. 이 때 X가 공형이라 함은 $E=G, F=0$임을 뜻한다.

10) 그림 B.1f

소정리 5.5.1. 다음이 성립한다.

$$X\text{가 공형} \quad \Leftrightarrow \quad \langle X_z, X_z \rangle_{\mathbb{C}_1^3} = 0 \quad \Leftrightarrow \quad \langle X_{\bar{z}}, X_{\bar{z}} \rangle_{\mathbb{C}_1^3} = 0.$$

증명.

$$X_z = \partial_z X := \frac{1}{2}(\partial_u - i\partial_v)X$$

이므로

$$\langle X_z, X_z \rangle = \frac{1}{4}\langle X_u - iX_v, X_u - iX_v \rangle = \frac{1}{4}(E - 2iF - G)$$

이다. 마지막은

$$\langle X_{\bar{z}}, X_{\bar{z}} \rangle = \overline{\langle X_z, X_z \rangle}$$

여서 성립한다. ■

소정리 5.5.2. 공간적 극대곡면의 매개식 X가 공형이면, $X_{z\bar{z}}$는 X_u와 X_v에 수직이다.

증명. (우선 $\partial_{z\bar{z}} = \frac{1}{4}(\partial_u^2 + \partial_v^2)$ 은 라플라스 작용소다.)

$$\langle X_{z\bar{z}}, X_z \rangle_{\mathbb{C}_1^3} = \frac{1}{2}\partial_{\bar{z}}\langle X_z, X_z \rangle \equiv 0,$$
$$\langle X_{z\bar{z}}, X_{\bar{z}} \rangle_{\mathbb{C}_1^3} = \frac{1}{2}\partial_z\langle X_{\bar{z}}, X_{\bar{z}} \rangle \equiv 0$$

그러므로 수직이다. ■

소정리 5.5.3. 공간적 극대곡면의 매개식 공간적 극대곡면의 매개식 X가 공형이면,

$$X_{z\bar{z}} = \frac{1}{2}EHN.$$

증명. 앞의 소정리에 의하여, 어떤 a에 대하여 $X_{z\bar{z}} = aN$이다.

한편

$$
\begin{aligned}
H &= \frac{1}{2}\frac{En - 2Fm + G\ell}{EG - F^2} = \frac{1}{2}\frac{E(n+\ell)}{E^2} \\
&= \frac{\langle X_{uu}, N\rangle + \langle X_{vv}, N\rangle}{2E} = \frac{\langle 4X_{z\bar{z}}, N\rangle}{2E} \\
&= \frac{\langle 4aN, N\rangle}{2E} = -\frac{2a}{E}.
\end{aligned}
$$

■

여기서 $\langle N, N\rangle = -1$임에 주목하라.

따름정리 5.5.1. 공간적 극대곡면의 매개식 X가 공형이면,

$$H \equiv 0 \quad \Leftrightarrow \quad X_{z\bar{z}} = 0 \in \mathbb{L}^3 \quad \Leftrightarrow \quad X_z\text{는 정칙이다}$$

따름정리 5.5.2. 공간적 극대곡면의 매개식 X가 공형이고, $H \equiv 0$이라고 하자. 그러면 $h(z) := 2X_z(z) = (h_1(z), h_2(z), h_0(z))$는 복소미분가능하며 비었다.[11)] 즉

- $h_{\bar{z}}(z) = 0$,
- $\langle h(z), h(z)\rangle = h_1^2(z) + h_2^2(z) - h_0^2(z) = 0$.

증명.

$$X\text{: 공형} \quad \Leftrightarrow \quad 4\langle X_z, X_z\rangle = -h_0^2 + h_1^2 + h_2^2 = 0$$

이므로 당연하다. ■

그런데 이에 대하여 다음 역이 성립한다.

---

11) 로렌츠 공간의 한 점을 나타낼 때 (x, y, t)를 쓰는 게 관례인데, x를 x_1, y를 x_2, t를 x_0로 나타내기도 한다. 이 경우 공간의 한 점을 나타내는데 (x_0, x_1, x_2)와 같이 쓰기도 한다. 그렇지만 그림을 그릴 때는 수직으로 서 있는 선이 t축이며 x_0축이다. 참고로 4장에서는 좌표의 순서가 이 장에서와는 달리 (x, y, t)였다.

따름정리 5.5.3. h_0, h_1, h_2가 각각 정칙이고 비었다고 하자. 즉 $-h_0^2 + h_1^2 + h_2^2 = 0$이라고 하자. 그러면

$$X := \operatorname{Re} \int_{z_0}^{z} (h_0(w), h_1(w), h_2(w))\, dw$$

는 공형이고, 이 곡면의 평균 곡률은 $H \equiv 0$ 이며 $X_z = \frac{1}{2}h$다. 그리고 $-|h_0|^2 + |h_1|^2 + |h_2|^2 \neq 0$면 이는 공간적 곡면이다.

증명. $\Phi := \int_{z_0}^{z} (h_0, h_1, h_2)\, dw$를 생각한다. 그러면 $X = \operatorname{Re}\Phi$이다. 이제 $h := (h_0, h_1, h_2)$라 하면

$$\begin{aligned} h &= \Phi_z = \Phi_u = (\operatorname{Re}\Phi)_u + i(\operatorname{Im}\Phi)_u = (\operatorname{Re}\Phi)_u - i(\operatorname{Re}\Phi)_v \\ &= X_u - iX_v = 2X_z \end{aligned}$$

이므로

$$\langle X_z, X_z \rangle = \frac{1}{4}\langle h, h \rangle = 0.$$

따라서 X는 공형이다. 또,

$$X_{z\bar{z}} = \frac{1}{2}h_{\bar{z}} \equiv 0$$

이므로 X는 조화롭다. 따라서 $H \equiv 0$ 이다. ■

5.5.1 세 함수를 고르는 방법

이제 정칙이며 빈 세 함수를 자연스럽게 찾아내는 방법을 생각해 보는데 이는 유클리드 경우와 같이 생각할 수 있다.

$$f := \frac{1}{2}(h_1 - ih_2), \quad g = \frac{h_0}{h_1 - ih_2}$$

라 놓자. 그러면

$$h_0 = 2fg, \quad h_1 = f(1 + g^2), \quad h_2 = if(1 - g^2)$$

은 $-h_0^2 + h_1^2 + h_2^2 = 0$을 만족한다. 이는 극대곡면을 만들어내는데 있어서 중요한 사실이다. 그 역 또한 성립하는데, 이것은 극대곡면을 분류하는데 있어서 중요한 사실이다.

정리 5.5.1 (고바야시[19]). 공간적 곡면 $X : \mathcal{U} \subset \mathbb{R} \to \mathbb{E}_1^3$가 공형이고 극대일 필요충분조건은 적당한 유리함수 g와 정칙 *1*-형식 $\omega = f dz$가 존재하여

$$X(p) = \mathrm{Re} \int_{p_0}^{p} (2g, 1 + g^2, i(1 - g^2))\, \omega \tag{5.17}$$

을 만족시키는 것이다.

5.5.2 극대곡면을 찾아내는 예

이 시점에서 간단한 바이에르스트라스 자료를 가지고 극대곡면을 만들어 보자. 생각해 볼 수 있는 바이에르스트라스 데이터로는 유클리드 공간의 현수면, 나선면, 엔네퍼의 곡면, 셔억의 극소곡면 등을 나타내는 바이에르스트라스 자료를 그대로 이용해 보는 것이다.

그런데 이러면 한 가지 의문이 든다. 회전극대곡면은 세 가지 종류가 존재하는데 만약 그 중 한 가지가 유클리드 공간의 회전극대곡면의 바이에르스트라스 자료를 가지고 만들어진다면 나머지 두 회전극대곡면은 어떤 바이에르스트라스 자료로 만들어질 것인가?

질문 5.5.1. 회전극대곡면에 대한 바이에르스트라스 자료는 어떻게 구할 수 있나?

이 질문에 답하기 위하여 다시 앞에서 구한 회전극대곡면의 식 (5.6), (5.9), (5.11)을 살펴보자. 잘 보면 세 식 모두 공형이다. 그렇

다면 다음 관계식을 이용하여 ϕ를 구할 수 있다.

$$h = 2X_z = X_u - iX_v. \tag{5.18}$$

이 식이 어떻게 유도되었는지는 따름정리 5.5.3의 증명을 보라. 이제 이 식으로부터 각 회전극대곡면에 대한 바이에르스트라스 자료를 찾을 수 있다. 각각 다음 식이 얻어진다. $z = u + iv$라 할 때

$$h_E(z) = (\cosh z, i\sinh z, 1)\,, \tag{5.19}$$
$$h_H(z) = (1, -i\sin z, \cos z)\,, \tag{5.20}$$
$$h_P(z) = (z^2+1, 2iz, z^2-1)\,. \tag{5.21}$$

5.5.3 가우스 사상

유클리드 공간에서 곡면에 대한 가우스 사상은 단위구의 북극점을 이용하여 단위구를 평면으로 보내는 입체사영이 중요한 역할을 하였다. 로렌츠 공간에의 곡면에 대한 가우스 사상도 로렌츠 공간의 단위구를 평면으로 보내는 사상과 밀접한 관련이 있다. 이를 알아보자.

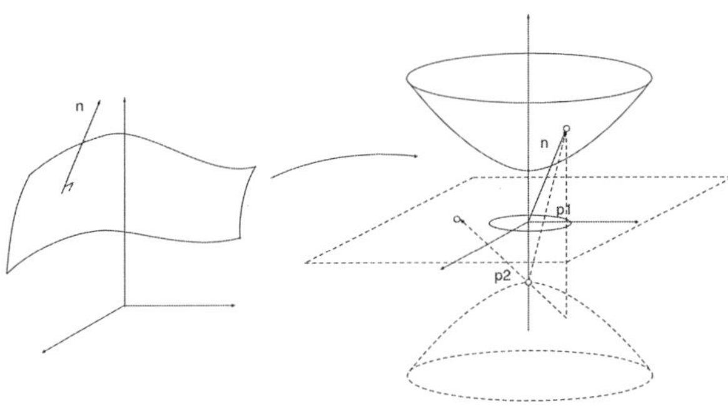

먼저 우리가 다루는 곡면은 공간적 곡면인데 그러면 곡면에 수직인 단위벡터는, 시점을 원점으로 옮겼을 경우, 공간적 구면에 있게

된다. 이제 남극점 $(0,0,-1)$을 이용한 로렌츠 공간적 단위구의 입체사영 Π에 대하여 알아보자. 그 유도과정은 양성덕의 미분기하 강의 1편 8장 8절에 잘 나와 있다. $(x,y,t)=\Pi^{-1}(u,v)$라 할 때 결과만 적으면 다음과 같다.

$$(x,y,t)=\left(\frac{2u}{1-u^2-v^2},\frac{2v}{1-u^2-v^2},\frac{1+u^2+v^2}{1-u^2-v^2}\right).$$

극대곡면의 가우스 사상 앞의 X에 대하여 $2X_z=\phi$이고,

$$X_u=X_z+X_{\bar z},\quad X_v=i(X_z-X_{\bar z}).$$

그러면[12)]

$$\begin{aligned}
X_u\times X_v&=(X_z+X_{\bar z})\times i(X_z-X_{\bar z})=-2i\,X_z\times X_{\bar z}\\
&=\frac{(-2i)}{4}\begin{vmatrix}-e_0 & e_1 & e_2\\ \phi_0 & \phi_1 & \phi_2\\ \bar\phi_0 & \bar\phi_1 & \bar\phi_2\end{vmatrix}\\
&=-\frac{i}{2}\begin{vmatrix}-e_0 & e_1 & e_2\\ 2fg & f(1+g^2) & if(1-g^2)\\ 2\bar f\bar g & \bar f(1+\bar g^2) & -i\bar f(1-\bar g^2)\end{vmatrix}\\
&=-\frac{i}{2}f\bar f\begin{vmatrix}-e_0 & e_1 & e_2\\ 2g & 1+g^2 & i(1-g^2)\\ 2\bar g & 1+\bar g^2 & -i(1-\bar g^2)\end{vmatrix}\\
&=-|f|^2(1-|g|^2)^2\left(\frac{1+|g|^2}{1-|g|^2},\frac{2\,\mathrm{Re}\,g}{1-|g|^2},\frac{2\,\mathrm{Im}\,g}{1-|g|^2}\right).
\end{aligned}$$

따라서 가우스 사상은 다음과 같다.

$$z\mapsto\left(\frac{1+|g(z)|^2}{1-|g(z)|^2},\frac{2\,\mathrm{Re}\,g(z)}{1-|g(z)|^2},\frac{2\,\mathrm{Im}\,g(z)}{1-|g(z)|^2}\right).$$

12) $\mathbb{E}^3_1$의 세 표준 기저 벡터를 e_0,e_1,e_2로 나타내었다.

이를 남극점에 대하여 입체사영하면 g가 된다. 즉 곡면에 수직인 벡터를 역-입체사영하면 g가 된다.

5.6 바이에르스트라스 자료로 본 극대곡면의 여러 대상들

곡면을 공부함에 있어서 중요한 여러가지 것들을 바이에르스트라스 자료 f와 g를 이용하여 나타내 보자.

보통, 제1 기본 형식 또는 계량기를 I 또는 ds^2, 제2 기본 형식을 II 또는 A, 가우스 곡률을 K 등으로 나타낸다.

제1 기본 형식 $X : \mathcal{U} \subset \mathbb{C} \to \mathbb{L}^3$ 이고 $X = \mathrm{Re} \int_\gamma h\, dz$ 라고 하자. 그러면

$$
\begin{aligned}
X_z &= \frac{1}{2}(h_0, h_1, h_2) = \frac{1}{2} f(2g, 1 + g^2, i(1 - g^2)), \\
X_{\bar{z}} &= \frac{1}{2} \bar{f}(2\bar{g}, 1 + \bar{g}^2, -i(1 - \bar{g}^2))
\end{aligned}
$$

이고

$$
4\langle X_z, X_z \rangle = -h_0^2 + h_1^2 + h_2^2 = 0
$$

이므로

$$
\begin{aligned}
I = ds^2 &= \langle dX, dX \rangle = \langle X_z dz + X_{\bar{z}} d\bar{z}, X_z dz + X_{\bar{z}} d\bar{z} \rangle \\
&= \langle X_z, X_z \rangle dz^2 + 2\langle X_z, X_{\bar{z}} \rangle dz\, d\bar{z} + \overline{\langle X_z, X_z \rangle} d\bar{z}^2 \\
&= \frac{1}{2}\Big(-|g|^2 + \frac{1}{4}(1 + g^2 + \bar{g}^2 + |g|^4) \\
&\qquad\qquad + \frac{1}{4}(1 - g^2 - \bar{g}^2 + |g|^4) \Big) 4|f|^2 |dz|^2 \\
&= \left(1 - |g|^2\right)^2 |f|^2 |dz|^2 = \left(1 - |g|^2\right)^2 |\omega|^2.
\end{aligned}
$$

참고로 유클리드 공간에 있는 극소곡면의 계량기는 $\left(1 + |g|^2\right)^2 |\omega|^2$ 이었다.

참고 5.6.1. 만약 $|g| = 1$이면 계량기는 특이하게 되어 버린다. 이 성질은 극소곡면에서는 없는 성질로서 극대곡면과 극소곡면의 성질에 중요한 차이가 있음을 말해준다.

제2 기본 형식

$$\begin{aligned} II &= \langle X_{uu}, N\rangle du^2 + 2\langle X_{uv}, N\rangle du\, dv + \langle X_{vv}, N\rangle dv^2 \\ &= \langle X_{uu} du^2 + 2X_{uv} du\, dv + X_{vv} dv^2, N\rangle \end{aligned}$$

그리고

$$\begin{aligned} \mathrm{Re} X_{zz} dz^2 &= \mathrm{Re}\,\frac{1}{2}(\partial_u - i\partial_v)\,\frac{1}{2}(\partial_u - \partial_v)X \cdot (du + i\,dv)^2 \\ &= \mathrm{Re}\,\frac{1}{4}(\partial_{uu} - \partial_{vv} - 2i\,\partial_{uv})X\,(du^2 - dv^2 + 2i\,du\,dv) \\ &= \frac{1}{4}\{(X_{uu} - X_{vv})(du^2 - dv^2) + 4X_{uv}\,du\,dv\}. \end{aligned}$$

그런데 X가 공형이고 극대므로

$$X_{uu} + X_{vv} = 0$$

이고, 따라서

$$\begin{aligned} II &= \langle X_{uu}(du^2 - dv^2) + 2X_{uv}\,du\,dv, N\rangle, \\ \mathrm{Re}(X_{zz} dz^2) &= \frac{1}{2}(X_{uu}(du^2 - dv^2) + 2X_{uv} du\,dv). \end{aligned}$$

그러므로

$$II = 2\,\mathrm{Re}\langle X_{zz} dz^2, N\rangle.$$

자, 이제 다음을 살펴보자.

$$X_z = \frac{1}{2}\,(1 + g^2, i(1 - g^2), 2g)\,f.$$

따라서

$$X_{zz} = Vg'f + Wf'.$$

단

$$V = (g, -ig, 1), \qquad W = \left(\frac{1+g^2}{2}, \frac{1-g^2}{-2i}, g \right).$$

여기서 다음이 성립함을 쉽게 알 수 있다:

$$\langle V, N \rangle = -1, \qquad \langle W, N \rangle = 0.$$

따라서

$$\langle X_{zz} dz^2, N \rangle = -f g' dz^2 = \omega dg.$$

즉,

$$II = 2\,\mathrm{Re}(\omega dg).$$

참고 5.6.2. 3차원 유클리드 공간의 극소곡면의 경우에는

$$II = 2\,\mathrm{Re}(\omega dg)$$

였다.

가우스 곡률: 이미 앞에서 K의 식을 구해보았었지만 다시 한번 더 구해 보자. 앞에서는 곡면 $N \circ X$의 넓이와 곡면 X의 넓이의 비의 극한이 가우스 곡률이라고 했는데 이를 약간 상위의 개념으로 표현하자면, 가우스 사상의 이미지로 주어지는 곡면에 대한 계량기를 $ds^2_{S^2}$라 할 때, $ds^2_{S^2}$의 넓이-형식 dA_{S^2}과 ds^2의 넓이-형식 dA_M의 비로 주어진다고 한다. 즉

$$K = \frac{dA_{S^2}}{dA_M}.$$

이 때 간단한 생각에 의하면

$$ds^2_{S^2} = \frac{4|dg|^2}{(1-|g|^2)^2}.$$

따라서

$$dA_{S^2} = \frac{4|g'|^2}{(1-|g|^2)^2} dudv, \quad dA_M = |f|^2 (1-|g|^2)^2 dudv.$$

그러므로

$$K = \frac{\frac{4|g'|^2}{(1-|g|^2)^2}}{|f|^2(1-|g|^2)^2} = \frac{16}{(1-|g|^2)^2}\frac{|dg|^2}{|\omega|^2}. \tag{5.22}$$

유클리드 공간의 극소곡면에 대해선 $K = -\frac{16}{(1+|g|^2)^2}\frac{|dg|^2}{|\omega|^2}$ 였다.

여기서 극소곡면과 극대 곡면의 중요한 차이 하나를 짚고 넘어가고자 한다. 식 (5.22)에 의하면 극소곡면의 가우스 곡률 K는 음의 값을 가지지 못한다. 즉 $K \geq 0$. 반면 극소곡면에 대해선 $K \leq 0$ 이다. 부호에서 차이가 있는데 이 차이는 조금 생각하면 이상하다. 왜냐하면 $K = \kappa_{max} \times \kappa_{min}$, $H = (\kappa_{max} + \kappa_{min})/2$는 여전히 유효할 것 같고 이 때 $H = 0$이면 분명히 $K \leq 0$이어야 할 것이다. 그런데 $K \geq 0$이다.

왜 이럴까? 혹시 부호가 틀린 건 아닐까? 이를 확인하기 위해선 정말로 곡률 계산을 안 해 볼 수가 없다. 이를 위해 다음 보조정리를 떠 올리자.

소정리 5.6.1. 공형 좌표계에서, 즉 $E = G = \lambda^2$, $F = 0$인 좌표계에서 *(단 $\lambda > 0$)*

$$K = -\lambda^{-2}\Delta \log \lambda. \tag{5.23}$$

여기서 $\Delta := \partial_{uu} + \partial_{vv}$는 라플라스 연산자다.

이 식을 이용하여 극대 곡면의 가우스 곡률을 실제로 계산해 보자. 타원 극대 곡면 (5.6)의 경우, $u > 0$면 $\lambda(u,v) = \sinh u$, $u < 0$면 $\lambda(u,v) = -\sinh u$다. 이러면 식 (5.23)의 우변은 $\sinh^{-4} u$임을 쉽게 계산할 수 있다. 다른 경우에 대해서 계산해 보아도 $K \geq 0$을 얻을 수 있다.

이번에는 다음 식을 이용하여 K를 계산해 보자.

$$K = \frac{\ell n - m^2}{EG - F^2}.$$

타원 극대 곡면 (5.6)의 경우

$$E = G = \sinh^2 u, \quad -\ell = n = \sinh u/|\sinh u|,$$

그리고 $F = m = 0$. 따라서

$$\frac{\ell n - m^2}{EG - F^2} = -\frac{1}{\sinh^4 u}.$$

이번에는 음의 값이 나왔다. 확실히 유클리드 공간의 극소곡면과는 다른 결론이 성립하고 있다. 사실은 일반적으로 다음이 성립한다.

소정리 5.6.2. $K_{ext} := \frac{\ell n - m^2}{EG-F^2}$이라 하고 K_{int}는 가우스의 위대한 정리에서 주어지는,E, F, G만으로 주어지는 식이라 하자. 그러면

유클리드 공간에서는 $K_{int} = K_{ext}$.

로렌츠 공간에서는 $K_{int} = -K_{ext}$.

위 두 번째 사실을 증명하는 것은 독자의 몫으로 남긴다.

5.7 리만 곡면에 정의된 극대곡면의 예

임의의 자연수 k에 대하여 다음 바이에르스트라스 자료를 생각하라. 이는 [54]에 등장한다.

$$\begin{gathered}\bar{M}_k := \{(\alpha,\beta) \in (\mathbb{C} \cup \{\infty\})^2 : \beta^{k+1} = \alpha^k(\alpha+1)(\alpha-1)\},\\ M_k := \bar{M}_k \setminus \{(0,0),(\infty,\infty)\}, \quad (\alpha_0,\beta_0) := (1,0),\\ g := \sigma\frac{\beta}{\alpha}, \quad \omega := \frac{d\alpha}{\beta}, \quad \sigma := \sqrt{\frac{1}{2}\frac{A}{B}},\\ A := \int_0^1 \frac{dt}{\sqrt[k+1]{t^k(1t^2)}}, \quad B := \int_0^1 \frac{\sqrt[k+1]{t^k(1-t^2)}dt}{1-t^2}\end{gathered}$$

이러면 식 (5.17)은 M_k에 잘 정의된다. 일반론에 따라서 $|g(\alpha,\beta)| = 1$인 $(\alpha,\beta) \in M_k$에서 이 극대곡면의 계량은 0의 값을 가진다. 그런데 $(\alpha,\beta) = (\pm 1, 0)$에서 계량기는 $k = 1$일 때는 0의 값을 가지지 않지만 $k > 1$일 때는 0의 값을 가진다. 즉 이건 분지점이다.

5.8 나선면

바이에르스트라스 자료가 g, ω로 주어진 극대곡면에 대하여 $\theta \in \mathbb{R}$일 때, $g, e^{i\theta}\omega$는 수반극대곡면들을 준다. 이 곡면들은 서로 등장적이고, 가우스 사상이 서로 같다. $\theta = \frac{\pi}{2}$인 경우를 켤레 극대곡면이라 한다.

(5.24), (5.25), (5.26) 각각의 켤레 극대곡면은 다음과 같은 바이에르스트라스 자료로 얻어진다.

$$\psi_E(z) = i\left(\cosh z, i\sinh z, 1\right), \tag{5.24}$$

$$\psi_H(z) = i\left(1, -i\sin z, \cos z\right), \tag{5.25}$$

$$\psi_P(z) = i\left(z^2+1, 2iz, z^2-1\right). \tag{5.26}$$

이제 이것들을 실제로 적분하여 곡면 $Y := \mathrm{Re}\int_\gamma \psi$의 식을 구하면 다음과 같다.

$$Y_E(u,v) = (-\cosh u \sin v, \cosh u \cos v, -v)\,, \tag{5.27}$$

$$Y_H(u,v) = (-v, -\cos u \cosh v, -\cos u \sinh v)\,, \tag{5.28}$$

$$Y_P(u,v) = \left(\frac{v^3}{3} - v - u^2 v, -u^2 + v^2, \frac{v^3}{3} + v - u^2 v\right). \tag{5.29}$$

자, 이 곡면들이 나선면인가 하는 궁금증을 가질 수 있다. (5.27), (5.28)에 주어진 식이 나선면을 나타낸다는 것은 주어진 식이 아래와 같이 쓰여진다는 것을 관찰하면 쉽게 알 수 있다.

$$Y_E(z) = \begin{pmatrix} \cos v & -\sin v & 0 \\ \sin v & \cos v & 0 \\ 0 & 0 & 1 \end{pmatrix} \begin{pmatrix} 0 \\ \cosh u \\ 0 \end{pmatrix} + \begin{pmatrix} 0 \\ 0 \\ -v \end{pmatrix},$$

$$Y_H(z) = \begin{pmatrix} 1 & 0 & 0 \\ 0 & \cosh v & \sinh v \\ 0 & \sinh v & \cosh v \end{pmatrix} \begin{pmatrix} 0 \\ -\cos u \\ 0 \end{pmatrix} + \begin{pmatrix} -v \\ 0 \\ 0 \end{pmatrix}.$$

위 둘은, 유클리드 공간에서와 같이, 각각 타원회전 또는 쌍곡회전에다가 축 방향으로의 평행이동을 합성한 나선운동으로 한 직선을 움직인 것으로 볼 수 있다.

그러나 (5.29)에 주어진 식이 왜 나선면을 나타내는가 하는 것을 보는 것은 쉽지 않아 보인다. 위와 같이 회전과 평행이동을 합성한 나선운동으로 한 곡선(사실은 반 직선)을 움직여 얻어내는 것으로 이해하자면 다음과 같은 꼴을 생각하게 될 것이다.

$$A(v)U(u) + vV.$$

여기서 $A(v)$는 포물회전을 나타내는 행렬이고 V는 적당한 벡터다. 그런데 $Y_P(u,v)$를 이렇게는 나타낼 수 없다. 왜냐하면 $A(v)$의 항들은 끽해봐야 v의 이차식이므로 $A(v)U(u)+vV$는 v에 관한 이차식이 된다. $Y_P(u,v)$는 v에 대한 삼차식이므로 이 둘이 같을 수는 없다.

사실은 $Y_P(z)$가 왜 나선인가를 이해하려고 하다 보면 의외로 생각하지 못했던 개념에 다다르게 된다. 먼저 이미 알려져 있는 나선면의 기하적 특징을 보면 유클리드 공간의 나선면이나 (5.27), (5.28) 등이 모두 나선에 (반)직선을 매단 형태로 이루어져 있다. Y_E, Y_H를 다음과 같이 다시 쓸 수 있기 때문이다.

$$\begin{aligned} Y_E(u,v) &= \gamma_E(v) + (1-\cosh u)\mathcal{L}_E(v), \\ Y_H(u,v) &= \gamma_H(v) + (1-\cos u)\mathcal{L}_H(v). \end{aligned}$$

단

$$\begin{aligned} \gamma_E(v) &:= Y_E(0,v) = (-\sin v, \cos v, -v), \\ \mathcal{L}_E(v) &:= (\sin v, -\cos v, 0), \\ \gamma_H(v) &:= Y_H(0,v) = (-v, -\cosh v, -\sinh v), \\ \mathcal{L}_H(v) &:= (0, \cosh v, \sinh v) \end{aligned}$$

여기서 γ_E와 γ_H가 나선임은 명백하다. 이에 착안하여 Y_P도 그렇게 볼 수 있는지 살펴보면 (5.29)는 다음과 같이 나타내어짐을 알 수 있다.

$$\begin{aligned} Y_P(z) &= \gamma_P(v) + u^2\mathcal{L}_P(v), \\ \gamma_P(v) &:= \left(\frac{v^3}{3} - v, v^2, \frac{v^3}{3} + v\right), \\ \mathcal{L}_P(v) &:= -(v, 1, v). \end{aligned}$$

이는 $Y_P(z)$ 또한 곡선 $\gamma_P(v)$의 각 점에 $\mathcal{L}_P(v)$ 방향으로 반직선이 매달린 형태의 선직면이라는 것을 말해 준다. 자, 이제 곡선 γ_P가 나선임을 알아보자. 앞에서 살펴본 논리로 $\gamma_P(v)$는 한 점을 포물회전과 평행이동으로 옮겨서는 만들어 낼 수 없다.

그런데 여기서 재미있는 사실 하나를 관찰할 수 있다.

$$\dot{\gamma}_E(v) = (-\cos v, -\sin v, -1),$$
$$\dot{\gamma}_H(v) = (-1, -\sinh v, -\cosh v).$$

이는 광원뿔 $\mathbb{Q}^2_+$ 를 각각 평면 공간적 평면 $t = -1$ 또는 시간적 평면 $x = -1$로 자른 단면이다. 그런데 γ_P에 대해서도 이게 성립한다.

$$\dot{\gamma}_P(v) = (v^2 - 1, 2v, v^2 + 1) \tag{5.30}$$

은 null 곡선이며 사실 광뿔을 광적 평면 $t-x = 2$로 자른 단면이다.

결론은 무엇인가 하면, γ_E, γ_H, γ_P 모두 속도 벡터에 대한 조건에 의하여 결정되는 곡선이라는 것이다. 속도 벡터가 한 방향으로 상수 성분을 가지므로 점은 그 방향으로는 일차함수적으로 움직이다. 그리고 그 방향에 수직인 방향으로는 한 평면에서 원을 그리며 움직인다. 우리는 이것으로 (5.29)가 나선면이라고 이해한다.

참고 5.8.1. $\gamma_E, \gamma_P, \gamma_H$는 빈 곡률이 각각 $1, 0, -1$로 일정한 빈 곡선이다. *[51, 751쪽]*을 참고하라.

제 6 장

3차원 등방적 공간의 항등평균곡률 0 곡면론

6.1 3차원 등방적 공간의 모델

4차원 로렌츠 공간을 벡터 공간으로 보았을 때 여기에 있는 임의의 3차원 벡터 부분공간은 공간적, 시간적, 그리고 광적 부분공간이라는 3가지로 분류된다. 공간적 공간은 유클리드 공간, 시간적 공간은 로렌츠 공간과 등장적이다. 여기서 마지막으로 등장하는 3차원 광적 부분 공간을 3차원 등방적 공간이라 한다.

3차원 등방적 공간 $\mathbb{I}^3_k$의 기하를 들여다 볼 때는 (1.1)의 e_i 보다 다음을 이용하는 게 조금 더 편리하다.

$$\begin{aligned} f_0 &:= \tfrac{a_0}{2}(e_0 - e_3) = \begin{pmatrix} 0 & 0 \\ 0 & a_0 \end{pmatrix}, \quad f_1 := e_1 = \begin{pmatrix} 0 & 1 \\ 1 & 0 \end{pmatrix}, \\ f_3 &:= \tfrac{a_3}{2}(e_0 + e_3) = \begin{pmatrix} a_3 & 0 \\ 0 & 0 \end{pmatrix}, \quad f_2 := e_2 = \begin{pmatrix} 0 & i \\ -i & 0 \end{pmatrix}. \end{aligned} \tag{6.1}$$

여기서 a_0, a_3은 비-영 실수인데 그 값은 이론을 전개해 나가면서 필요에 따라 정할 것이다. 금방 (6.3)에서 보게 되겠지만 둘 다 1은 아니다. $\{f_\alpha\}_{\alpha=0}^3$의 가장 중요한 성질은 다음과 같다.

$$\langle f_0, f_3 \rangle = -\frac{1}{2}a_0a_3, \quad \langle f_1, f_1 \rangle = \langle f_2, f_2 \rangle = 1, \tag{6.2}$$

$$\text{다른 모든 } i, j\text{에 대해 } \langle f_i, f_j \rangle = 0.$$

만약 $a_0a_3 = -2$고

$$Y = b_0f_0 + b_1f_1 + b_2f_2 + b_3f_3$$

면

$$b_0 = \langle f_3, Y \rangle, \quad b_1 = \langle f_1, Y \rangle, \quad b_2 = \langle f_2, Y \rangle, \quad b_3 = \langle f_0, Y \rangle.$$

앞으로는

$$a_0a_3 = -2 \tag{6.3}$$

임을 가정한다. 이 경우 $\langle f_0, f_3 \rangle = 1$이며 f_α들은 점근적 단위직교하다고 하며 $\{f_\alpha\}_{\alpha=0}^3$는 점근적 단위직교기저라고 한다.

이 글에서는 등방적 3차원 공간의 표준모델로 다음 집합을 사용한다. 단 k는 임의의 실수.

$$\begin{aligned} \mathbb{I}_k^3 &:= \{(x_0, x_1, x_2, x_3) \in \mathbb{L}^4 : x_i \in \mathbb{R}, x_0 - x_3 = k\} \\ &= \left\{ \begin{pmatrix} x_0 + x_3 & x_1 + ix_2 \\ x_1 - ix_2 & k \end{pmatrix} : x_i \in \mathbb{R} \right\}. \end{aligned}$$

$\mathbb{L}^4$의 계량기는 $-d(x_0 + x_1)d(x_0 - x_1) + dx_2^2 + dx_3^2$이므로 $\mathbb{I}_k^3$의 계량기는 $dx_2^2 + dx_3^2$이다.

$\mathbb{I}_k^3$에 있는 곡면을 그린다든가 할 때는 보통 다음 좌표계를 사용한다.

$$x = x_1, \quad y = x_2, \quad \ell = x_0 + x_3. \tag{6.4}$$

이러면 $(x, y, \ell) = (a, b, c)$은

$$\begin{pmatrix} c & a + ib \\ a - ib & k \end{pmatrix} = \frac{k}{a_0} f_0 + a f_1 + b f_2 + \frac{c}{a_3} f_3$$

에 해당한다. $xy\ell$-좌표계에서 $\mathbb{I}_k^3$의 계량기는

$$dx^2 + dy^2$$

으로 나타내어진다. 이 계량기의 가장 큰 특징은 ℓ-축 방향으로의 거리가 0이라는 것이다. 이로 인해 생기는 가장 큰 문제는 $\mathbb{E}^3$, $\mathbb{L}^3$와는 달리 이 계량기만으로는 $\mathbb{I}_k^3$의 등장사상을 결정할 수가 없다는 것이다. 에를랑겐 프로그램이 말하는 바와 같이 등장사상을 결정하는 것은 기하를 이해하는 데에 있서 가장 기본이 되는 일인데 등방적 공간의 기하를 공부하는 데는 계량기 만으로는 부족하다.

특별히 $k = 0$인 3차원 등방적 공간을 $\mathbb{I}^3$로 나타내자. 즉 $\mathbb{I}^3 = \mathbb{I}_0^3$.

다행히 $\mathbb{L}^4$의 등장사상을 $\mathbb{I}^3$에 국한시켰을 때 그 모양이 어떻게 되는가 하는 것은 어렵지 않게 알 수 있다. 이렇게 $\mathbb{I}^3$의 등장사상을 이해하는 것은 부록에 실어두었다.

6.2 3차원 등방적 공간에 있는 곡면의 가우스 사상

$\mathbb{I}^3_k \subset \mathcal{Herm}(2,\mathbb{C})$에 공간적 곡면 X의 평균 곡률을 정의하려면 먼저 가우스 사상을 정의하여야 한다. 여러 가지 방법으로 가우스 사상을 정의할 수 있는데 이 글에서는 다음과 같이 가우스 사상을 정의한다.

정의 6.2.1. 정칙곡면 $X \in \mathcal{F}(D,\mathbb{I}^3)$에 대하여 가우스 사상 G는 다음을 만족시키는 $C^\ell(D,\mathcal{Herm}(2,\mathbb{C}))$의 원소다.

$$\langle G,G\rangle = 0, \qquad \langle G,X_u\rangle = \langle G,X_v\rangle = 0, \qquad \langle G,f_3\rangle = 1.$$

G의 기하적 의미를 살펴 보자. 일단 G는 광적 벡터여서 3차원 광원뿔에 들어 있다. 이제 $\langle G,X_u\rangle = \langle G,X_v\rangle = 0$은 G가 2차원 시간적 평면에 들어있음을 말한다. 따라서 G는 3차원 원뿔과 2차원 시간적 평면의 교집합인 원점을 지나는 한 쌍의 광적 직선에 들어 있다. 그런데 f_3도 이 조건을 모두 만족시키므로 f_3도 그 한 쌍의 광적 직선에 들어 있다. 이 때 마지막 조건 $\langle G,f_3\rangle = 1$은 정확히 G가 무엇인지를 말해 준다.

이 조건이 어떻게 G의 표현을 주는지 보자. G의 성분은 4개이므로 4개의 방정식으로 G를 유일하게 결정할 수 있을 텐데 위 4개의 방정식이 그 4개의 조건이 된다. 하나 하나 풀어 보자. 실수

값을 가지는 $\alpha, \beta, \gamma, \delta$에 대하여

$$G = \begin{pmatrix} \alpha & \beta + i\gamma \\ \beta - i\gamma & \delta \end{pmatrix}, \quad X = \begin{pmatrix} \ell & x + iy \\ x - iy & 0 \end{pmatrix}$$

라고 하자. 먼저 $0 = \langle G, G \rangle = \alpha\delta - (\beta^2 + \gamma^2)$을 이용하면

$$\langle f_3, G \rangle = -\frac{1}{2} \left(\det(f_3 + G) - \det(f_3) - \det G \right) = -\frac{1}{2} a_3 \delta$$

임을 알 수 있다. 따라서

$$\delta = -\frac{2}{a_3}.$$

한편

$$0 = \langle G, X_u \rangle = \langle (G - \frac{\delta}{a_0} f_0), X_u \rangle + \langle \frac{\delta}{a_0} f_0, X_u \rangle.$$

여기서 $G - \frac{\delta}{a_0} f_0$과 X_u는 모두 $\mathbb{L}^3$의 원소며 둘의 내적은 $\beta x_u + \gamma y_u$다. 한편 $\langle \frac{\delta}{a_0} f_0, X_u \rangle$는 성분을 다 써서 살펴보면 $-\frac{1}{2} \ell_u \delta$임을 알 수 있다. 따라서 다음을 얻는다.

$$\frac{1}{2} \ell_u \delta = x_u \beta + y_u \gamma.$$

마찬가지로 $0 = \langle G, X_v \rangle$로부터 다음을 얻는다.

$$\frac{1}{2} \ell_v \delta = x_v \beta + y_v \gamma.$$

크레이머의 공식을 사용하여 위 둘로부터 다음을 얻는다.

$$\beta = \frac{1}{a_3} \frac{N_1}{N_3}, \qquad \gamma = \frac{1}{a_3} \frac{N_2}{N_3}.$$

단

$$N_1 := \begin{vmatrix} y_u & \ell_u \\ y_v & \ell_v \end{vmatrix}, \quad N_2 := \begin{vmatrix} \ell_u & x_u \\ \ell_v & x_v \end{vmatrix}, \quad N_3 := \begin{vmatrix} x_u & y_u \\ x_v & y_v \end{vmatrix}. \tag{6.5}$$

이제 $\langle G, G \rangle = 0$으로부터 다음을 얻는다.

$$\alpha = -\frac{a_3}{2} \left(\beta^2 + \gamma^2 \right).$$

따라서

$$G = -\frac{1}{a_3}\begin{pmatrix} \frac{1}{2}\frac{N_1^2+N_2^2}{N_3^2} & -\frac{N_1+iN_2}{N_3} \\ -\frac{N_1-iN_2}{N_3} & 2 \end{pmatrix}. \tag{6.6}$$

여기서 $\mathbb{E}^3$와 $\mathbb{L}^3$의 기하와 $\mathbb{I}^3$의 기하가 다른 부분을 하나 볼 수 있다. $\mathbb{E}^3$와 $\mathbb{L}^3$의 곡면론에서는 가우스 사상이 여전히 $\mathbb{E}^3$와 $\mathbb{L}^3$에 들어 있는데 $\mathbb{I}^3$의 곡면론에서는 가우스 사상이 $\mathbb{I}^3$에 들어 있지 않는 것이다. 이 가우스 사상의 이미지는 $\mathbb{I}^3_{-2/a_3}$에 있어 $\mathbb{I}^3$가 아닌 $\mathbb{I}^3$와 평행한 공간에 있다. 또한 그 이미지는 $\mathbb{I}^3_{-2/a_3}$의 포물면에 들어 있다.

곡면 $X(u,v)$의 접평면은 X_u와 X_v의 선형 결합들로 이루어져 있는데

$$\langle X_i, X\rangle = \langle X_i, G\rangle = 0$$

이므로 접평면은 두 광적 벡터 X와 G에 모두 수직인 벡터들로 이루어져 있다. 그런데 다음 등식

$$\langle G_i, X\rangle = -\langle G, X_i\rangle = 0, \quad \langle G_i, G\rangle = \frac{1}{2}\partial_i\langle G, G\rangle = 0$$

에 의하여 G_u와 G_v 또한 두 광적 벡터 X와 G에 수직이다. 그러므로 G_u, G_v로 만들어지는 평면은 접평면에 평행하다.

위 두 가지 관찰은 정의 6.2.1에 주어진 가우스 사상의 정의가 유클리드 공간이나 로렌츠 공간에 있는 곡면의 가우스 사상과 별로 다르지 않다는 것을 이야기해 준다. 특히 유클리드 공간에서 가우스 사상은 구로, 로렌츠 공간에서 가우스 사상은 쌍곡면으로 가는 사상인데 여기서는 가우스 사상이 이차곡면 중의 하나인 포물면으로 가는 사상이라는 점에서 이 설정은 그럴 듯해 보인다.

가우스 사상이 $\mathbb{I}^3$에 들어 있게 하는 방법이 없지는 않다. 위 가우스 사상을 평행이동한 $G + \frac{a_3}{2a_0}f_0$를 가우스 사상으로 택하면

이는 $\mathbb{I}^3$에 있다. 그러나 이렇게 하면 X_u, X_v와 가우스 사상이 서로 수직이지 않게 되어 여러 군데서 문제가 발생한다. 물론 다 해결할 수 있는 문제다. 이렇게 가우스 사상을 정의하여 이론을 전개한 글로는 [30]이 있다. 다음은 [30]에 주어진 가우스 사상의 표현이다.

정리 6.2.1 ([30]). $\mathbb{I}^3$의 곡면 $X(u,v) = (x(u,v), y(u,v), \ell(u,v))$가 공간적 곡면을 나타내고 N_1, N_2, N_3는 (6.5)에 정의된 대로라고 할 때 다음은 가우스 사상이다.

$$\tilde{G}(u,v) := \left(-\frac{N_1}{N_3}, -\frac{N_2}{N_3}, \frac{1}{2}\left(\frac{N_1^2 + N_2^2}{N_3^2}\right)\right). \tag{6.7}$$

여기서

$$\tilde{G}(u,v) = \left(\tilde{x}(u,v), \tilde{y}(u,v), \tilde{\ell}(u,v)\right)$$

라고 하면

$$\tilde{\ell}(u,v) = \frac{1}{2}(\tilde{x}^2(u,v) + \tilde{y}^2(u,v))$$

이므로 $\tilde{G}$의 이미지는 포물면에 들어 있다. 또한 간단한 계산에 의하여 $\tilde{G}_u, \tilde{G}_v$는 X_u, X_v의 선형결합임을 알 수 있다. 따라서 곡면 X의 (u,v)에서의 접평면과 평행한 접평면을 갖는 포물면의 점이 $\tilde{G}(u,v)$다. $\tilde{G}$를 (6.6)과 비교하여 보아라. ($xy\ell$-좌표계에서는) 직접 계산에 의하여 $G \cdot X_i = \ell_i$임을 알 수 있는데. 일반적으로 $\ell_i \neq 0$이므로 이 가우스 사상 G에 대하여 $-\langle G_i, X_j\rangle \neq \langle G, X_{ij}\rangle$.

6.3 가우스 곡률과 평균 곡률

정의 6.3.1. 곡면 $X \in \mathcal{F}(\mathcal{U} \subset \mathbb{R}^2, \mathbb{I}^3 \subset \mathcal{Herm}(2, \mathbb{C}))$에 대하여 다음과 같이 정의된 S를 모양연산자라 한다.

$$S(aX_u + bX_v) := aG_u + bG_v.$$

다음과 같이 정의된 K를 가우스 곡률, H를 평균 곡률이라 한다.

$$K := \det S, \qquad H := \frac{1}{2}\operatorname{tr} S.$$

이제

$$E := \langle X_u, X_u \rangle, \quad F := \langle X_u, X_v \rangle, \quad G := \langle X_v, X_v \rangle,$$
$$\ell := \langle X_{uu}, N \rangle, \quad m := \langle X_{uv}, N \rangle, \quad n := \langle X_{vv}, N \rangle$$

라 할 때

$$I := Edu^2 + 2Fdudv + Gdv^2, \quad II := \ell du^2 + 2mdudv + ndv^2$$

를 각각 X의 첫째 기본 형식, 둘째 기본 형식이라 한다. 그러면

$$K = \frac{\ell n - m^2}{EG - F^2}, \quad H = \frac{1}{2}\frac{En - 2Fm + G\ell}{EG - F^2}.$$

(6.4)에 정의된 $\mathbb{I}^3$의 $xy\ell$ 좌표계를 생각하라. $\ell = f(x, y)$의 그래프로 주어지는 곡면의 경우 몽주 조각은 다음과 같다.

$$X(u, v) = (u, v, f(u, v)).$$

이 경우 간단한 계산에 의하여 모양연산자 S는 다음과 같음을 알 수 있다.

$$S = \begin{pmatrix} f_{xx} & f_{xy} \\ f_{yx} & f_{yy} \end{pmatrix}.$$

따라서

$$K = f_{xx}f_{yy} - f_{xy}f_{yx}, \qquad H = \frac{1}{2}(f_{xx} + f_{yy}).$$

따라서 f가 조화로운 것은 f의 그래프가 항등평균곡률 0 곡면이기 위한 필요충분조건이다.

예 6.3.1. $f(x, y) = x^2 - y^2$의 그래프는 극소곡면이다.[1)]

복소해석함수들의 실수부, 허수부가 다 조화로운 함수이므로 $\mathbb{I}^3$에는 굉장히 많은 항등평균곡률 0 곡면들이 있음을 알 수 있는데 [30]에서 약간의 예들을 더 볼 수 있다.

6.4 엔네퍼-바이에르스트라스 표현식

유클리드 공간이나 로렌츠 공간에서 항등평균곡률 0 곡면에 대한 엔네퍼-바이에르스트라스 표현식을 유도하는 과정을 살펴보면 공형이며 조화로운 사상과 밀접한 관련이 있음을 볼 수 있다. 등방적 공간에서도 비슷하게 이론을 전개할 수 있다.

정의 6.4.1. 공간적 곡면 $X \in \mathcal{F}(D \subset \mathbb{R}^2, \mathbb{I}^3 \subset \mathcal{H}erm(2, \mathbb{C}))$가 공형이라 함은 X가 다음을 만족시킴을 의미한다.

$$\langle X_u, X_u \rangle = \langle X_u, X_u \rangle > 0, \quad \langle X_u, X_v \rangle = 0.$$

정리 6.4.1. $X \in \mathcal{F}(D, \mathbb{I}^3)$가 공형이면

$$H \equiv 0 \quad \Leftrightarrow \quad X_{uu} + X_{vv} = 0.$$

증명. 곡면 X가 공형이면서 항등평균곡률 0을 가진다고 하자. 그러면 $\mathbb{E}^3$, $\mathbb{L}^3$의 경우와 마찬가지로

$$0 = \frac{1}{2}\frac{En - 2Fm + G\ell}{EG - F^2} = \frac{n + m}{2E} = \frac{\langle X_{uu} + X_{vv}, N \rangle}{2E}.$$

---

1) 그림 C.1a. 이게 왜 엔네퍼의 곡면인지는 나중에 알게 된다.

이제

$$X_{uu} + X_{vv} = aX_u + bX_v + cf_3$$

이라고 하자.[2)] 그러면 X가 공형이라는 조건으로부터 $a = b = 0$임을 쉽게 알 수 있다. 마지막으로 $\langle X_{uu}+X_{vv}, N\rangle = c$이므로 $c = 0$. $\langle f_3, N\rangle = 1$인 것은 정의 6.2.1을 참조하라. 따라서 $X_{uu}+X_{vv} = 0$.

역이 성립함은 당연하다. ■

이제

$$h(z) := 2X_z(z) = X_u - iX_v$$

라고 정의하자. 그러면 $\mathbb{E}^3$, $\mathbb{L}^3$의 항등평균곡률 0 곡면에 대한 이론과 같이 이론을 전개할 수 있다. 즉

$$\langle h, h\rangle = \langle X_u - iX_v, X_u - iX_v\rangle = E - G - 2iF.$$

따라서 $\langle h, h\rangle = 0$은 X가 공형이기 위한 필요충분조건이다. 참고로 $h = \begin{pmatrix} h_3 & h_1 + ih_2 \\ h_1 - ih_2 & 0 \end{pmatrix}$일 때 $\langle h, h\rangle = -\det h = h_1^2 + h_2^2$.

이제 X가 공형일 때 다음이 성립함을 알 수 있다.

$$h_{\bar{z}} = 0 \quad \Leftrightarrow \quad X_{z\bar{z}} = 0 \quad \Leftrightarrow \quad X_{uu} + X_{vv} = 0 \quad \Leftrightarrow \quad H \equiv 0.$$

이로부터 다음을 알 수 있다. 편의상 여기서부터는 $\mathbb{I}^3$를 $xy\ell$-좌표계로 본다.

정리 6.4.2 (바이에르스트라스-형 표현 공식). 임의의 유리형 함수 g와 정칙 *1*-형식 ω에 대하여

$$\phi(z) := (1, i, 2g(z))\omega(z) \tag{6.8}$$

2) 유클리드 공간이나 로렌츠 공간에서는 X_1, X_2, G를 쓰지만 이 공간에서는 그걸 쓰면 안 되고 X_1, X_2, f_3를 기저로 사용해야 제대로 된 이론이 나온다.

라고 하면

$$X(z) := \mathrm{Re}\,\Phi(z), \qquad \Phi(z) := \int_\gamma \phi \tag{6.9}$$

는 항등평균곡률 *0* 곡면이다. 역으로 임의의 항등평균곡률 *0* 곡면은 이런 꼴로 나타낼 수 있다.

예 6.4.1. 다음 바이에르스트라스 자료

$$g(z) = z^{-1},\ \omega(z) = dz, \qquad g(z) = z^{-1},\ \omega(z) = idz$$

는 각각 다음 현수면과 나선면을 준다.[3)]

$$X(re^{i\theta}) = (r\cos\theta, -r\sin\theta, \log r),$$
$$X(re^{i\theta}) = (-\sin\theta, -r\cos\theta, -\theta).$$

예 6.4.2. *[30]*의 예를 참조하라. $\mathbb{E}^3$의 극소곡면인 셔억의 첫 번째 곡면에 대한 바이에르스트라스 자료는 다음과 같다.

$$g(z) = z, \quad \omega(z) = \frac{4dz}{1 - z^4}$$

이 자료로 만들어지는 *3*차원 등방성 공간의 항등평균곡률 *0* 곡면은 그림 *C.1d*이다. *[30]* 참조.[4)]

6.5 바이에르스트라스 자료로 본 곡면의 여러 대상들

앞에서 바이에르스트라스 표현식 (6.8), (6.9)로 주어진 곡면 X를 생각하자. 먼저 제일 기본 형식은 다음과 같이 계산된다.

$$I = \langle dX, dX\rangle = \langle X_z dz + X_{\bar z} d\bar z, X_z dz + X_{\bar z} d\bar z\rangle.$$

---

3) 그림 C.1b, C.1c

4) 그림 C.1d

그런데 X가 공형이므로 $\langle X_z, X_z\rangle = \langle X_{\bar z}, X_{\bar z}\rangle = 0$. 따라서

$$I = 2\langle X_z, X_{\bar z}\rangle dz d\bar z = \frac{1}{2}\langle \phi, \bar\phi\rangle = \omega\bar\omega.$$

이 공간에서도 호프 미분 형식 Q는 다음과 같이 정의된다.

정의 6.5.1.

$$Q := -\langle X_z, N_z\rangle dz^2. \tag{6.10}$$

이것과 둘째 기본 형식 II와의 관계를 살펴보자.

$$\begin{aligned} II = -\langle dX, dN\rangle &= -\langle X_z dz + X_{\bar z} d\bar z, N_z dz + N_{\bar z} d\bar z \\ &= -\langle X_z, N_z\rangle dz^2 - \overline{\langle X_z, N_z\rangle dz^2} \\ &\quad - (\langle X_z, N_{\bar z}\rangle + \langle X_{\bar z}, N_z\rangle) dz d\bar z. \end{aligned}$$

여기서 $\langle X_z, N\rangle = 0$을 $\bar z$로 미분하면

$$\langle X_z, N_{\bar z}\rangle = -\langle X_{z\bar z}, N\rangle = -2EH = 0.$$

따라서 다음을 얻는다.

소정리 6.5.1.

$$II = Q + \bar Q = 2\,\mathrm{Re}\,Q.$$

이제 (6.5)에 정의된 N_i가 다음과 같이 표현됨을 보자.

$$N_1 = -2i\begin{vmatrix} y_z & \ell_z \\ y_{\bar z} & \ell_{\bar z}\end{vmatrix}, \quad N_2 = -2i\begin{vmatrix} \ell_z & x_z \\ \ell_{\bar z} & x_{\bar z}\end{vmatrix}, \quad N_3 = -2i\begin{vmatrix} x_z & y_z \\ x_{\bar z} & y_{\bar z}\end{vmatrix}.$$

$(x_z, y_z, \ell_z)dz = \frac{1}{2}(1, i, 2g)\omega$인 경우 다음을 얻는다.

$$N_1 = (g + \bar g)\omega\bar\omega, \quad N_2 = -i(g - \bar g)\omega\bar\omega, \quad N_3 = -\omega\bar\omega \tag{6.11}$$

따라서 (6.6)의 G는 다음과 같이 쓰여진다.

소정리 6.5.2.

$$N = -\frac{2}{a_3}\begin{pmatrix} g\bar g & g \\ \bar g & 1\end{pmatrix} = -\frac{2}{a_3}\begin{pmatrix} g \\ 1\end{pmatrix}\begin{pmatrix} \bar g & 1\end{pmatrix} \tag{6.12}$$

한편 $X_z dz$를 다음과 같이 쓸 수 있는데 이는 $\mathbb{E}^3$, $\mathbb{L}^3$의 경우와 비교하기 위한 표현이다.

$$\begin{aligned} X_z dz &= \begin{pmatrix} \ell_z & x_z + iy_z \\ x_z - iy_z & 0 \end{pmatrix} dz = \begin{pmatrix} g & 0 \\ 1 & 0 \end{pmatrix} \omega \\ &= \begin{pmatrix} g & -g^2 \\ 1 & -g \end{pmatrix} \begin{pmatrix} a_3 & 0 \\ 0 & 0 \end{pmatrix} \frac{1}{a_3}\omega = \begin{pmatrix} g & 0 \\ 1 & 0 \end{pmatrix} f_3 \frac{1}{a_3}\omega \end{aligned} \tag{6.13}$$

소정리 6.5.3.

$$Q = -\frac{1}{a_3}\omega dg.$$

증명. 식 (6.10), (6.12)와 (6.13)으로부터 따라 나온다. ■

위 여러 식의 표현으로부터 살펴볼 수 있는 바와 같이 a_3를 -1로 정의하면 여러 식이 깔끔하게 보인다. 이 경우 (6.3)에 의하여 a_0는 자동적으로 2가 된다.

소정리 6.5.4. 바이에르스트라스 자료 g와 ω를 이용하면 가우스 사상 (6.7)은 다음과 같이 쓰여진다.

$$N = (g + \bar{g}, -i(g - \bar{g}), 2g\bar{g})\,. \tag{6.14}$$

증명. 식 (6.11)과 (6.7)로부터 결론이 얻어진다. ■

이로부터 g의 기하적 의미를 얻을 수 있다. $\Pi(x, y, \ell) := (x, y)$는 $\mathbb{I}^3$의 입체사영 또는 평면도[5]이라 불리운다. [30] 참조. 그러면 $\varphi(x, y, \ell) = (x, -y, \ell)$이라 할 때

$$g(z) = \frac{1}{2}\Pi \circ \varphi \circ N(z).$$

5) top view

즉, 면대칭과 닮음변환까지 고려한다면 g는 가우스 사상의 입체사영이다.

제 7 장

3차원 쌍곡 공간의 항등평균곡률 1 곡면론

7.1 3차원 쌍곡 공간의 간단한 곡면들

여기서부터는 $\mathbb{L}^4$를 $\mathcal{H}erm(2,\mathbb{C})$로 본다. 그러면

$$\mathbb{H}^3(-1) = \{X \in \mathcal{H}erm(2,\mathbb{C}) : \det X = 1, \operatorname{tr} X > 0\}.$$

먼저 다음 Φ의 이미지는 $\mathbb{H}^3(-1)$에 들어 있음을 쉽게 알 수 있다.

$$\Phi(u,v,w) = \begin{pmatrix} \cosh w + \sinh w \sin u & \sinh w e^{iv} \cos u \\ \sinh w e^{-iv} \cos u & \cosh w - \sinh w \sin u \end{pmatrix}.$$

사실은 $\mathbb{H}^3(-1)$의 임의의 점은 위와 같이 나타낼 수 있다.

예 7.1.1. $w_o \neq 0$에 대하여

$$X(u,v) = \Phi(w_0,u,v)$$

는 구면을 나타낸다. 초평면 $x_0 = w_0$로 쌍곡 공간을 잘라서 얻어진다.

예 7.1.2.

$$X(u,w) := \Phi(u,v_0,w)$$

는 $\mathbb{H}^3(-1)$를 초공간 $x_2 = \tan v_0 x_1$으로 잘라서 얻어지는 곡면이다.

질문 7.1.1. $\mathbb{H}^3(-1)$을 광적 초평면으로 자른 단면으로 주어지는 곡면의 식을 구해 보아라.

쌍곡공간 전체는 다음 입체사영을 통하여 단위 공과 일대일대응 된다.

$$(x_0,x_1,x_2,x_3) \mapsto \left(\frac{x_1}{1+x_0}, \frac{x_2}{1+x_0}, \frac{x_3}{1+x_0}\right).$$

부록 C.4의 그림들은 이 입체사영을 이용하여 쌍곡 공간의 그림들을 단위 공에 나타낸 것이다.

7.2 3차원 쌍곡 공간의 외적

$\mathbb{H}^3(-1)$의 한 점 p에서 두 접벡터 V와 W의 곱이 어떻게 주어지는지 생각해 보자. 먼저 (1.3)에 주어진 쐐기곱을 이용하여 다음을 정의한다.

정의 7.2.1. $V, W \in T_p\mathbb{H}^3(-1) \subset \mathcal{Herm}(2,\mathbb{C})$에 대하여

$$V \times_{\mathbb{H}^3(-1)} W := p \wedge V \wedge W. \tag{7.1}$$

이러면 $\langle p, V \times W\rangle = 0$. 따라서 $V \times W$는 여전히 $T_p\mathbb{H}^3(-1)$에 들어 있음을 알 수 있다. 참고문헌은 [36]이다.

(1.4)에 의거하여 다음을 알 수 있다.

소정리 7.2.1. $V, W \in T_p\mathbb{H}^3(-1) \subset \mathcal{Herm}(2,\mathbb{C})$에 대하여

$$V \times_{\mathbb{H}^3(-1)} W = \frac{i}{2}(Vp^{-1}W - Wp^{-1}V).$$

한편 다음이 성립한다.

$$(a^1e_1 + a^2e_2 + a^3e_3)^2 = ((a^1)^2 + (a^2)^2 + (a^3)^2)e_0. \tag{7.2}$$

7.3 브라이언트 표현 공식

$$X : \mathcal{U} \subset \mathbb{R}^2 \to \mathbb{H}^3(-1) \subset \mathcal{Herm}(2,\mathbb{C})$$

가 공형이라고 하자. 그러면

$$0 = \langle X_z, X_z\rangle = -\det X_z.$$

한편 이 역도 성립한다.

이제 다음을 살펴보자. $\langle X_v, X_u\rangle = 0$을 v에 대하여 미분하면

다음을 얻는다.

$$\begin{aligned}\langle X_{vv}, X_u\rangle &= -\langle X_v, X_{vu}\rangle = -\frac{1}{2}\langle X_v, X_v\rangle_u \\ &= -\frac{1}{2}\langle X_u, X_u\rangle_u = -\langle X_{uu}, X_u\rangle.\end{aligned}$$

따라서 $\langle X_{uu} + X_{vv}, X_u\rangle = 0$. 마찬가지로 $\langle X_{uu} + X_{vv}, X_v\rangle = 0$. 그러므로 $X_{uu} + X_{vv}$는 곡면에 수직이다. 따라서 어떤 함수 a, b에 대하여

$$X_{uu} + X_{vv} = aX + bN.$$

여기서 $N \in T_X\mathbb{H}^3(-1) \subset \mathcal{H}erm(2,\mathbb{C})$은 곡면의 단위법벡터다. 이제 $\langle X_z, X\rangle = 0$을 $\bar{z}$에 대하여 미분한 것으로부터 다음을 얻는다.

$$\begin{aligned}\langle X_{z\bar{z}}, X\rangle &= -\langle X_z, X_{\bar{z}}\rangle = -\frac{1}{4}\langle X_u - iX_v, X_u + iX_v\rangle \\ &= -\frac{1}{4}(E + iF - iF + G) = -\frac{1}{2}E.\end{aligned}$$

따라서

$$a = -\langle X_{uu} + X_{vv}, X\rangle = -4\langle X_{z\bar{z}}, X\rangle = 2E.$$

한편,

$$\begin{aligned}H &= \frac{1}{2}\frac{En - 2Fm + G\ell}{EG - F^2} = \frac{n + \ell}{2E} \\ &= \frac{\langle X_{uu} + X_{vv}, N\rangle}{2E} = \frac{\langle aX + bN, N\rangle}{2E} = \frac{b}{2E}.\end{aligned}$$

따라서

$$4X_{z\bar{z}} = X_{uu} + X_{vv} = 2EX + 2EHN.$$

그런데 이 때 다음이 성립한다.

소정리 7.3.1.

$$N = \frac{2}{E}X_z X^{-1} X_{\bar{z}} - X. \tag{7.3}$$

증명. (7.2)로부터 다음을 알 수 있다.

$$(X_uX^{-1})^2 = |X_uX^{-1}|^2 e_0 = |X_u|^2 e_0 = Ee_0.$$

마찬가지로

$$(X_vX^{-1})^2 = Ee_0.$$

따라서

$$\begin{aligned} &X_zX^{-1}X_{\bar z}X^{-1} \\ &= \frac{1}{4}(X_uX^{-1} - iX_vX^{-1})(X_uX^{-1} + iX_vX^{-1}) \\ &= \frac{E}{2}e_0 + \frac{i}{4}(X_uX^{-1}X_vX^{-1} - X_vX^{-1}X_uX^{-1}) \\ &= \frac{E}{2}e_0 + \frac{i}{4}(X_uX^{-1}X_v - X_vX^{-1}X_u)X^{-1}. \end{aligned}$$

여기서 소정리 7.2.1과 X가 공형임에 의하여

$$\frac{i}{2}(X_uX^{-1}X_v - X_vX^{-1}X_u) = X_u \times X_v = EN.$$

이로부터 결론을 얻을 수 있다. ■

이로부터 다음을 얻을 수 있다.

$$\begin{aligned} 4X_{z\bar z} &= 2EX + 2EH(2E^{-1}X_zX^{-1}X_{\bar z} - X) \\ &= 2E(1-H)X + 4HX_zX^{-1}X_{\bar z}. \end{aligned}$$

따라서 만약 $H \equiv 1$이라고 하면

$$(X_zX^{-1})_{\bar z} = X_{z\bar z}X^{-1} - X_zX^{-1}X_{\bar z}X^{-1} = 0.$$

위의 역이 성립하는 것 또한 쉽게 보일 수 있다.

소정리 7.3.2. X가 공형이라고 하자. 그러면

$$H \equiv 1 \iff (X_zX^{-1})_{\bar z} = 0.$$

이를 $\mathbb{E}^3$이나 $\mathbb{L}^3$의 엔네퍼-바이에르스트라스 표현식과 비교하면 다음을 얻을 수 있다.

소정리 7.3.3. 만약 $X : \mathcal{U} \subset \mathbb{C} \to \mathbb{H}^3(-1) \subset \mathcal{H}erm(2,\mathbb{C})$가 다음을 만족시킨다고 하자.

$$\det(X_z X^{-1}) = 0, \qquad (X_z X^{-1})_{\bar{z}} = 0.$$

그러면 X는 항등평균곡률 *1*을 가진다.

이 소정리로부터 다음을 얻는다.

소정리 7.3.4. 함수 $F : \mathcal{U} \subset \mathbb{C} \to \mathbf{SL}(2,\mathbb{C})$가 다음을 만족시킨다고 하자.

1. $F_{\bar{z}} = 0$, *(정칙)*
2. $\det(F_z F^{-1}) = 0$. *(비었음)*

그러면 $X := FF^{\star}$는 항등평균곡률 *1*을 가진다.

증명. $X := FF^{\star}$로부터

$$\begin{aligned} X_z X^{-1} &= (F_z F^{\star} + F(F_{\bar{z}})^{\star})(F^{\star})^{-1}F^{-1} \\ &= F_z F^{-1} + F(F_{\bar{z}})^{\star}(F^{\star})^{-1}F^{-1}. \end{aligned}$$

위 조건 1로부터 $X_z X^{-1} = F_z F^{-1}$. 그러면 위 조건 2로부터 $\det(X_z X^{-1}) = 0$. 한편 위 조건 1로부터

$$(X_z X^{-1})_{\bar{z}} = 0.$$

따라서 결론이 성립한다. ■

소정리 7.3.5. *2, 1*를 만족시키는 $F : \mathcal{U} \subset \mathbb{C} \to \mathbf{SL}(2,\mathbb{C})$에 대하여

어떤 유리형함수 G와 정칙 *1*-형식 Ω에 대하여 다음이 성립한다.

$$dFF^{-1} = \begin{pmatrix} G & -G^2 \\ 1 & -G \end{pmatrix} \Omega. \tag{7.4}$$

역으로 임의의 유리형함수 G와 임의의 정칙 *1*-형식 Ω에 대하여 F가 (8.2)를 만족시킨다고 하자. 그러면 F는 $\mathbf{SL}(2, \mathbb{C})$ 값을 가지고 *1*, *2*를 만족시키며, 따라서 $X := FF^\star$는 항등평균곡률 *1*을 가진다.

$F : \mathcal{U} \to \mathbf{SL}(2, \mathbb{C})$가 정칙이고 비었을 때 다음이 성립한다.

$$dFF^{-1} = \begin{pmatrix} G & -G^2 \\ 1 & -G \end{pmatrix} \Omega, \quad F^{-1}dF = \begin{pmatrix} g & -g^2 \\ 1 & -g \end{pmatrix} \omega. \tag{7.5}$$

G는 쌍곡 가우스 사상, g는 두 번째 가우스 사상이라고 한다.

소정리 7.3.6. 주어진 항등평균곡률 *1* 곡면에 대하여 곡면의 식이 $FF^\star$가 되는 정칙이고 빈 F가 있다.

증명. 먼저 소정리 (2.1.1)에 의하여 공형좌표는 반드시 존재하는데 그걸 X라고 하자. 공형성으로부터 $\det(X_z X^{-1}) = 0$임을 알 수 있다. 그리고 항등평균곡률 1을 가지고 있기 때문에 $X_z X^{-1}$은 정칙이다. 한편 $X = \begin{pmatrix} x_0 + x_3 & x_1 + ix_2 \\ x_1 - ix_2 & x_0 - x_3 \end{pmatrix}$임과 $\det X = x_0^2 - x_1^2 - x_2^2 - x_3^2 = 1$을 이용하면

$$\operatorname{tr}(X' X^{-1}) = 2(x_0 x_0' - x_1 x_1' - x_2 x_2' - x_3 x_3') = (\det X)' = 0.$$

한편 스핀 구조에 의하여, 모든 $z \in \mathcal{U}$에 대하여 $X(z) = G(z)G^\star(z)$인 G가 존재한다. 이제 다음 미분 방정식계를 생각하자.

$$F_z F^{-1} = X_z X^{-1}, \qquad F(z_0) = G(z_0).$$

일반적 미분방정식론에 의하여 이를 만족시키는 정칙함수 $F : \mathcal{U} \to$

$\mathbf{SL}(2,\mathbb{C})$가 존재한다. 이제

$$Y := FF^\star$$

이라고 하면 $Y^{-1}X$에 대하여 다음을 알 수 있다.

$$(Y^{-1}X)_z = -Y^{-1}(Y_zY^{-1} - X_zX^{-1})X = 0,$$
$$Y^{-1}(z_0)X(z_0) = I_2.$$

따라서, 모든 $z \in \mathcal{U}$에 대하여 $Y^{-1}(z)X(z) = I_2$, 즉 $Y(z) = X(z)$임을 알 수 있다. ∎

7.4 바이에르스트라스 자료로 알아보는 곡면의 기본 성질

정의 7.4.1. 공형곡면 X에 대하여

$$Q := -\langle X_z, N_z\rangle dz^2$$

를 호프 미분 형식이라 한다.

소정리 7.4.1 ([47] 참조). 공형이면서 항등평균곡률 1을 가지는 곡면 X의 첫째, 둘째 기본 형식을 각각 I, II라 할 때 다음이 성립한다.

$$I = (1+g\bar{g})\omega\bar{\omega}, \quad II = Q + \bar{Q} + I. \tag{7.6}$$

증명. 일단 첫째 기본 형식은 다음과 같이 계산할 수 있다.

$$\begin{aligned} I &= \langle dX, dX\rangle = -\det(dX) = -\det(d(FF^\star)) \\ &= -\det((dF)F^\star + F(dF)^\star) = -\det(F^{-1}dF + (F^{-1}dF)^\star) \\ &= -\det\left(\begin{pmatrix} g & -g^2 \\ 1 & -g\end{pmatrix}\omega + \begin{pmatrix} \bar{g} & 1 \\ -\bar{g}^2 & -\bar{g}\end{pmatrix}\bar{\omega}\right) \\ &= (1+g\bar{g})\omega\bar{\omega}. \end{aligned}$$

둘째 기본 형식에 대해선 다음과 같이 알아볼 수 있다.

$$\begin{aligned}-II = \langle dX, dN\rangle &= \langle X_z dz + X_{\bar z} d\bar z, N_z dz + N_{\bar z} d\bar z\rangle \\ &= \langle X_z, N_z\rangle dz^2 + \langle X_{\bar z}, N_{\bar z}\rangle d\bar z^2 \\ &\quad + (\langle X_z, N_{\bar z}\rangle + \langle X_{\bar z}, N_z\rangle) dz d\bar z\end{aligned}$$

여기서 $\langle X_{\bar z}, N_z\rangle = \overline{\langle X_z, N_{\bar z}\rangle}$, 그리고

$$\begin{aligned}4\langle X_z, N_{\bar z}\rangle &= \langle X_u - iX_v, N_u + iN_v\rangle \\ &= \langle X_u, N_u\rangle + \langle X_v, N_v\rangle + i(\langle X_u, N_v\rangle - \langle X_v, N_u\rangle)\end{aligned}$$

여기서

$$\begin{aligned}\langle X_u, N_v\rangle - \langle X_v, N_u\rangle &= -\langle X_{uv}, N\rangle + \langle X_{vu}, N\rangle = 0, \\ \langle X_u, N_u\rangle + \langle X_v, N_v\rangle &= -\langle X_{uu} + X_{vv}, N\rangle \\ &= -\langle 2EX + 2EHN, N\rangle = -2E.\end{aligned}$$

따라서 $\langle X_z, N_{\bar z}\rangle = -E/2$. 그러므로 결론이 성립한다. ■

소정리 7.4.2. 정칙이며 빈 함수 F로 주어지는 곡면 $X := FF^\star$에 대하여

$$Q = \omega dg.$$

증명. X와 N은 서로 수직이므로 $\langle X_z, N\rangle = 0$. 따라서 $\langle X_z, N_z\rangle = -\langle X_{zz}, N\rangle$. 이 때

$$N = Fhe_3h^\star F^\star, \qquad he_3h^\star = \frac{1}{g\bar g + 1}\begin{pmatrix} g\bar g - 1 & 2g \\ 2\bar g & -(g\bar g - 1)\end{pmatrix}$$

임이 알려져 있다. (§ 7.5.1 참조.) 한편 $X = FF^\star$이므로 $X_{zz} = F_{zz}F^\star$. 따라서

$$\langle X_{zz}, N\rangle = \langle F_{zz}F^\star, Fhe_3h^\star F^\star\rangle = \langle F^{-1}F_{zz}, he_3h^\star\rangle.$$

이 때

$$(F^{-1}F_z)_z = (F^{-1})_z F_z + F^{-1}F_{zz} = -F^{-1}F_z F^{-1}F_z + F^{-1}F_{zz}$$

인데 계산해 보면 $(F^{-1}F_z)^2 = 0$이다. 따라서.

$$F^{-1}F_{zz} = (F^{-1}F_z)_z = \begin{pmatrix} g & -g^2 \\ 1 & -g \end{pmatrix}_z \omega + \begin{pmatrix} g & -g^2 \\ 1 & -g \end{pmatrix} \omega_z.$$

이 때 오른쪽의 두 번째 항과 $he_3h^\star$의 내적이 0인 것은 직접 계산으로 알 수 있다. 따라서

$$\langle X_{zz}, N\rangle = \left\langle \begin{pmatrix} g_z & -2gg_z \\ 0 & -g_z \end{pmatrix}, \begin{pmatrix} g\bar{g}+1 & 2g \\ 2\bar{g} & g\bar{g}-1 \end{pmatrix} \right\rangle \frac{\omega}{g\bar{g}+1}.$$

식

$$\langle X, Y\rangle = -\frac{1}{2}(\det X + Y - \det X - \det Y)$$

로부터 결론이 나온다. ■

소정리 7.4.3.

$$dFF^{-1} = \begin{pmatrix} G & -G^2 \\ 1 & -G \end{pmatrix} \frac{Q}{dG}.$$

증명. $F = \begin{pmatrix} A & B \\ C & D \end{pmatrix}$라고 하자. 그러면

$$\begin{aligned} dFF^{-1} &= F(F^{-1}dF)F^{-1} \\ &= \begin{pmatrix} A & B \\ C & D \end{pmatrix} \begin{pmatrix} g & -g^2 \\ 1 & -g \end{pmatrix} \begin{pmatrix} D & -B \\ -C & A \end{pmatrix} \frac{Q}{dg} \\ &= \begin{pmatrix} \frac{Ag+B}{Cg+D} & -\left(\frac{Ag+B}{Cg+D}\right)^2 \\ 1 & -\left(\frac{Ag+B}{Cg+D}\right) \end{pmatrix} \frac{Q}{dg}(Cg+D)^2. \end{aligned}$$

여기서

$$G = \frac{Ag+B}{Cg+D} = F \star g$$

를 얻지만 당장 쓰이지는 않는다. 다음이 성립한다.

$$G = \frac{A'}{C'}, \qquad g = \frac{DA' - BC'}{-CA' + AC'} = F^{-1} \star G.$$

이제 $AD - BC = 1$을 사용하여 $Cg + D = \frac{C'}{AC' - A'C}$을 얻고, $A'D' - B'C' = 0$을 사용하면 다음을 얻는다.

$$\frac{g'}{G'} = \left(\frac{C'}{AC' - A'C}\right)^2 = (Cg + D)^2.$$

이로부터 결론을 얻는다. ■

이제 유클리드 공간의 극소곡면론에는 없는 쌍곡 공간의 항등평균 곡률 1 곡면론 중 몇 가지를 알아 보자.

먼저 $F \in C^\omega(D, \mathbf{SL}(2, \mathbb{C}))$가 정칙이며 비었으면 $F^{-1} \in C^\omega(D, \mathbf{SL}(2, \mathbb{C}))$ 또한 정칙이며 비었다. 따라서 $F^{-1}(F^{-1})^\star$ 또한 항등평균곡률 1 곡면이다. 이 곡면을 $FF^\star$의 쌍대 곡면[1)]이라 한다.

주어진 공형 곡면 X에 대하여 쌍곡 가우스 사상 G와 호프 미분 형식 Q는 유일하다. 왜냐 하면 정칙이고 빈 F에 대하여 $X = FF^\star$일 때

$$F_z F^{-1} = X_z X^{-1}$$

이므로

$$G = \frac{(X_z X^{-1})_{11}}{(X_z X^{-1})_{21}}, \quad Q = (X_z X^{-1})_{21} dz\, dG.$$

그러나 g는 유일하지 않다. 이는 다음과 같이 볼 수 있다. $A \in \mathbf{SU}(2)$면

$$(FA)(FA)^\star = F(AA^\star)F^\star = FF^\star = X.$$

---

1) dual surface

이것이 의미하는 바 중의 하나는 X를 나타내는 정칙이며 빈 함수는 유일하지 않다는 것이다. 이 때 FA의 둘째 가우스 사상을 g_A라 하면

$$g_A = \frac{(A^{-1}F^{-1}dFA)_{11}}{(A^{-1}F^{-1}dFA)_{21}} = \frac{dg-b}{-cg+a} = A^{-1} \star g.$$

만약 어떤 정칙이며 빈 함수 $\hat{F}$에 대하여

$$X = FF^\star = \hat{F}\hat{F}^\star$$

라고 하면

$$e_0 = (F^{-1}\hat{F})(F^{-1}\hat{F})^\star.$$

즉 $F^{-1}\hat{F} =: B \in \mathcal{F}(\mathcal{U}, \mathbf{SU}(2))$, 즉 어떤 $B \in \mathcal{F}(\mathcal{U}, \mathbf{SU}(2))$에 대하여 $\hat{F} = FB$. 그런데 이 B는 사실 항등함수다. 이를 알아보기 위하여 이 $\hat{F}$의 쌍곡 가우스 사상, 호프 미분 형식, 둘째 가우스 사상을 각각 $\hat{G}, \hat{Q}, \hat{g}$라 하면

$$\hat{G} = G, \quad \hat{Q} = Q.$$

그런데 g의 슈바르츠 미분 $S(g)$에 대하여, 뒤에 등장하는 (7.38)에 의해, 다음이 성립한다.

$$S(\hat{g}) = 2\hat{Q} + S(\hat{Q}) = 2Q + S(Q) = S(g).$$

이러면 소정리 7.10.3에 의하여 어떤 (상수) 행렬 B에 대하여 $\hat{g} = B^{-1} \star g$.

한편 상수 행렬 $A \in \mathbf{SL}(2, \mathbb{C})$에 대하여

$$(AF)(AF)^\star = A(FF^\star)A^\star = AXA^\star$$

는 X를 강체운동으로 움직인 것이다.

7.5 쌍곡 가우스 사상의 기하적 의미

F가 정칙이며 빈 함수일 때 곡면 $X := FF^*$는 항등평균곡률 1을 가진다. 이 X의 단위법벡터를 N이라 하자. 이 때 점 X에서 법벡터 N방향으로 뻗어나가는 곧은선 ℓ이 $\mathbb{H}^3(-1)$의 이상둘레인 $\mathbb{S}^2$에 가 닿은 점과 (8.2)를 만족시키는 함수 G 사이의 관계를 살펴보자.

이를 위해서 중심사영

$$(t, x, y, z) \mapsto (u, v, w) = \left(\frac{x}{t}, \frac{y}{t}, \frac{z}{t}\right).$$

을 통해 $\mathbb{H}^3(-1)$을 공간 $x_0 = 1$로 보내 얻어진 구 모델을 바라볼 필요가 있다.

참고 7.5.1. *3*차원 로렌츠 공간에서 쌍곡평면 $\mathbb{H}^2(-1)$를 평면 $t = 1$로 중심사영으로 보내 얻어진 지도의 역함수와 계량기는 다음과 같다.

$$(t, x, y) = \frac{(1, u, v)}{\sqrt{1 - (u^2 + v^2)}},$$
$$ds^2 = \frac{(1 - v^2)du^2 + 2uvdudv + (1 - u^2)dv^2}{(1 - (u^2 + v^2))^2}.$$

이건 쌍곡평면의 벨트라미-클라인 모델이다. 여기선 곧은선이 선분으로 나온다.

이제 다시 쌍곡공간에 있는 곡면 X로 돌아오자. 이 곡면에 대한 단위수직벡터를 N이라 하면 $X + N$은 빈 벡터가 됨을 다음과 같이 알 수 있다.

$$\begin{aligned}\langle X + N, X + N\rangle &= \langle X, X\rangle + 2\langle X, N\rangle + \langle N, N\rangle \\ &= -1 + 2 \times 0 + 1 = 0.\end{aligned}$$

이제 원점과 $X + N$을 지나는 $\mathbb{L}^4$의 직선 m을 생각하라.

소정리 7.5.1. $\mathbb{H}^3(-1)$에서 X를 지나며 N을 초기속도로 가지는 곧은선 ℓ은 결국 m으로 수렴한다.

증명. 이는 원점, X의 끝점, $X+N$의 끝점을 모두 지나는 평면을 Π_1이라 할 때 $\mathbb{H}^3(-1)\cap\Pi_1=\ell$, $\mathbb{Q}^3\cap\Pi_1=m$이기 때문이다. 좀더 자세히 쓰면 다음과 같다. ℓ과 m은 다음과 같이 매개될 수 있다.

$$\ell : \gamma(\varphi) = \cosh\varphi X + \sinh\varphi N, \qquad -\infty < \varphi < \infty,$$
$$m : \delta(s) = s(X+N), \qquad 0 \le s < \infty.$$

평면 Π_1은 다음과 같이 매개될 수 있다.

$$\Pi_1 : X(a,b) = aX + bN, \qquad -\infty < a, b < \infty.$$

이로부터 ℓ과 m이 Π_1에 들어 있음은 자명하다. ■

이제 중심사영을 통하여 쌍곡공간을 3차원 구 $B := \{x_0 = 1,\ x_1^2+x_2+x_3^2 < 1\}$로 보내면 m의 모든 점은 B의 둘레 $S^2=\partial B$의 한점 P_1로 보내지며 따라서 ℓ의 B에서의 이미지는 P_1으로 수렴하게 된다.

그런데 S^2의 임의의 점은 $\begin{pmatrix} 1+x_3 & x_1+ix_2 \\ x_1-ix_2 & 1-x_3 \end{pmatrix}$, $x_1^2+x_3^2+x_3^2=1$을 만족시킨다. 두 번째 식으로부터

$$\frac{1+x_3}{x_1-ix_2} = \frac{x_1+ix_2}{1-x_3}$$

이 성립함을 알 수 있는데 이는 $x_1x_2x_3$공간의 단위구를 북극점 $(x_1,x_2,x_3)=(0,0,1)$을 이용하여 x_1x_2평면으로 보내는 입체사영의 식이다.

$X+N$은 $\mathbb{L}^4$의 광적 벡터며 따라서 3차원 광원뿔에 들어 있는데 이를 높이 1로 정규화하면 $\mathbb{S}^2$에 있다. 이를 입체사영을 통해

복소평면으로 보내면 다음이 얻어진다.

$$Q_+^3 \ni \begin{pmatrix} x_0+x_3 & x_1+ix_2 \\ x_1-ix_2 & x_0-x_3 \end{pmatrix} \overset{\varphi}{\mapsto} \frac{x_1+ix_2}{x_0-x_3} \in \mathbb{C}.$$

자, 이제 (7.3)으로부터

$$X+N = \frac{2}{E}X_zX^{-1}X_{\bar{z}} = \frac{2}{E}F_zF^{-1}F(F_z)^\star = \frac{2}{E}F_z(F_z)^\star.$$

이제 $F_z = F\begin{pmatrix} pq & -p^2 \\ q^2 & -p^2 \end{pmatrix}$로부터

$$F_z(F_z)^\star = (p\bar{p}+q\bar{q})F\begin{pmatrix} p \\ q \end{pmatrix}\left(F\begin{pmatrix} p \\ q \end{pmatrix}\right)^\star$$

임을 알 수 있다. $F\begin{pmatrix} p \\ q \end{pmatrix} = \begin{pmatrix} A \\ B \end{pmatrix}$라고 하면

$$X+N = \frac{2(p\bar{p}+q\bar{q})}{E}\begin{pmatrix} A\bar{A} & A\bar{B} \\ B\bar{A} & B\bar{B} \end{pmatrix}.$$

따라서 이 점에 해당하는 구면의 점을 중심사영으로 복소평면으로 보낸 점은

$$\varphi(X+N) = \frac{A\bar{A}}{B\bar{A}} = \frac{A}{B} = \frac{F_{11}p+F_{12}q}{F_{21}p+F_{22}q}.$$

이제 (7.8)과 (7.9)로부터 각각 다음을 얻는다.

$$\frac{dF_{11}}{dF_{21}} = G, \qquad \frac{dF_{11}}{dF_{21}} = \frac{F_{11}p+F_{12}q}{F_{21}p+F_{22}q}.$$

따라서

$$G = \varphi(X+N).$$

마지막으로 하고 싶은 말은, 당연히 중심사영과 입체사영은 H^3을 다르게 보내지만 이상둘레를 같은 점을 보내고 있다. 따라서

위에서 둘레는 중심사영이 아닌 입체사영으로 보냈다고 생각해도 된다.

7.5.1 적응된 단위직교틀장 찾기

이제까지 이 장에서 전개된 이론에서 일반적으로 F는 적응된 단위직교틀장을 주지 않는다. 즉, $Fe_0F^\star$, $Fe_1F^\star$, $Fe_2F^\star$, $Fe_3F^\star$은 $\mathbb{L}^4$의 단위직교기저이고 $Fe_0F^\star = X$이므로, $Fe_1F^\star$, $Fe_2F^\star$, $Fe_3F^\star$는 $T_X\mathbb{H}^3(-1)$의 기저가 되지만 일반적으로 이 중 어느 것도 곡면 X에 수직이지 않다. 적응된 단위직교틀장을 알면 계산의 많은 부분이 쉽게 이루어지는 경우가 있는데 현재 다루고 있는 이론에서 브라이언트의 방법[46]을 따라 단위직교틀장을 찾는 법을 알아보자. 이는 사실상 곡면의 단위 법벡터 N을 어떻게 나타낼 수 있는가 하는 것과 밀접한 관련이 있다.

아이디어는, 임의의 $h \in \mathbf{SU}(2)$에 대하여 $Fhe_0h^\star F^\star = X$이므로

$$Fhe_1h^\star F^\star, Fhe_2h^\star F^\star, Fhe_3h^\star F^\star$$

는 여전히 $T_X\mathbb{H}^3(-1)$의 단위직교기저며 역으로 $Fe_1F^\star$, $Fe_2F^\star$, $Fe_3F^\star$와 향이 같은 $T_X\mathbb{H}^3(-1)$의 임의의 유향 단위직교기저는 이렇게 얻어지며 그 중 일부는 곡면에 적응된 기저일 것이라는 것이다. 우리는 특히 $Fhe_3h^\star F^\star$가 곡면에 수직이기를 원한다. 그러면

다음 식이 성립하기를 원하는 것과 동치다.

$$\begin{aligned} 0 &= \langle Fhe_3h^\star F^\star, (FF^\star)_z \rangle \\ &= \langle Fhe_3h^\star F^\star, F_zF^\star \rangle \\ &= \frac{1}{2}\Big(-\det(Fhe_3h^\star F^\star + F_zF^\star) \\ &\qquad\qquad + \det(Fhe_3h^\star F^\star) + \det(F_zF^\star)\Big) \\ &= \frac{1}{2}\left(-\det(he_3h^\star + F^{-1}F_z) + \det(he_3h^\star)\right). \end{aligned}$$

이 때

$$h = \begin{pmatrix} \alpha & -\bar{\beta} \\ \beta & \bar{\alpha} \end{pmatrix}, \quad \alpha\bar{\alpha} + \beta\bar{\beta} = 1, \quad F^{-1}F_z = \begin{pmatrix} pq & -p^2 \\ q^2 & -p^2 \end{pmatrix}$$

라고 하면 $hh^\star = e_0$, $\det(he_3h^\star) = -1$,

$$\det(he_3h^\star + F^{-1}F_z) = -1 - 2(\alpha q - \beta p)(\bar{\alpha}p + \bar{\beta}q).$$

따라서 어떤 ϕ 또는 ψ에 대하여

$$\frac{\alpha}{p} = \frac{\beta}{q} = \phi, \quad \text{또는} \quad \frac{\alpha}{\bar{q}} = \frac{\beta}{-\bar{p}} = \psi.$$

여기서

$$\alpha = p\phi, \quad \beta q\phi$$

라고 하면

$$h = \begin{pmatrix} p\phi & -\bar{q}\bar{\phi} \\ q\phi & \bar{p}\bar{\phi} \end{pmatrix} = \begin{pmatrix} p & -\bar{q} \\ q & \bar{p} \end{pmatrix} \begin{pmatrix} \phi & 0 \\ 0 & \bar{\phi} \end{pmatrix}. \tag{7.7}$$

$\det h = 1$이기 때문에 $(p\bar{p} + q\bar{q})\phi\bar{\phi} = 1$. 이 때

$$he_3h^\star = \begin{pmatrix} p\bar{p} - q\bar{q} & 2p\bar{q} \\ 2\bar{p}q & -(p\bar{p} - q\bar{q}) \end{pmatrix} \phi\bar{\phi} = \begin{pmatrix} \frac{p\bar{p}-q\bar{q}}{p\bar{p}+q\bar{q}} & \frac{2p\bar{q}}{p\bar{p}+q\bar{q}} \\ \frac{2\bar{p}q}{p\bar{p}+q\bar{q}} & -\frac{p\bar{p}-q\bar{q}}{p\bar{p}+q\bar{q}}. \end{pmatrix}.$$

이제 $g := p/q$라 하면

$$he_3h^\star = \begin{pmatrix} \frac{g\bar{g}-1}{g\bar{g}+1} & \frac{2g}{g\bar{g}+1} \\ \frac{2\bar{g}}{g\bar{g}+1} & -\frac{g\bar{g}-1}{g\bar{g}+1} \end{pmatrix}.$$

정리하자면, (7.7)의 h에 대하여 세 벡터장

$$(Fh)e_1(Fh)^*, \quad (Fh)e_2(Fh)^*, \quad (Fh)e_3(Fh)^*$$

은 곡면 X에 적응된 틀장이다.

참고로 $(p\bar{p}+q\bar{q})\phi\bar{\phi}=1$로부터

$$\phi = \frac{e^{i\theta}}{\sqrt{p\bar{p}+q\bar{q}}}, \qquad \theta \in \mathbb{R}.$$

이는 위에서 구하는 h가 $\mathbb{S}^1(1)$으로 매개되었음을 의미하며 법벡터를 축으로 한 바퀴 회전하는 변환이 다 들어있음을 말한다. 이러면

$$e_0 + he_3h^\star = \frac{2}{\sqrt{p\bar{p}+q\bar{q}}}\begin{pmatrix} p \\ q \end{pmatrix}\begin{pmatrix} \bar{p} & \bar{q} \end{pmatrix}.$$

따라서

$$\begin{aligned} X+N &= Fh(e_0+e_3)(Fh)^* \\ &= \frac{2}{\sqrt{p\bar{p}+q\bar{q}}}\left(F\begin{pmatrix} p \\ q \end{pmatrix}\right)\left(F\begin{pmatrix} p \\ q \end{pmatrix}\right)^*. \end{aligned}$$

7.6 해 찾아내기

주어진 G, Ω, g, ω에 대하여

$$dFF^{-1} = \begin{pmatrix} G & -G^2 \\ 1 & -G \end{pmatrix}\Omega = \begin{pmatrix} PQ & -P^2 \\ Q^2 & -PQ \end{pmatrix} \tag{7.8}$$

와

$$F^{-1}dF = \begin{pmatrix} g & -g^2 \\ 1 & -g \end{pmatrix}\omega = \begin{pmatrix} pq & -p^2 \\ q^2 & -pq \end{pmatrix} \tag{7.9}$$

를 만족시키는 $F : \mathcal{U} \to \mathbf{SL}(2,\mathbb{C})$를 찾는 법에 대하여 알아 보자.

먼저 (7.8)에 대하여 생각하자. 편의상 $F = \begin{pmatrix} A & B \\ C & D \end{pmatrix}$라고 하면

$$\begin{pmatrix} A' & B' \\ C' & D' \end{pmatrix} = \begin{pmatrix} PQ & -P^2 \\ Q^2 & -PQ \end{pmatrix} \begin{pmatrix} A & B \\ C & D \end{pmatrix}. \tag{7.10}$$

그러면 A, C와 B, D는 각각 다음 방정식의 해다.

$$\begin{pmatrix} X' \\ Y' \end{pmatrix} = \begin{pmatrix} PQ & -P^2 \\ Q^2 & -PQ \end{pmatrix} \begin{pmatrix} X \\ Y \end{pmatrix}. \tag{7.11}$$

이 행렬방정식의 첫 번째 행으로부터

$$Y = \frac{Q}{P}X - \frac{1}{P^2}X'. \tag{7.12}$$

첫 번째 행을 두 번째 행으로 나눈 것으로부터 $\frac{X'}{Y'} = \frac{P}{Q}$. 이제 (7.12)의 미분과 이 식을 이용하면 다음을 얻는다.

$$X'' - 2\frac{P'}{P}X' + (P'Q - PQ')X = 0. \tag{7.13}$$

그런데 이 역도 성립한다.

소정리 7.6.1. X, Y가 위 두 미분방정식 (7.12)와 (7.13)을 만족시킨다고 하자. 그러면 X, Y는 (7.11)을 만족시킨다.

증명. 일단 (7.13)로부터

$$\frac{1}{P^2}X'' = \left(\frac{Q}{P}\right)' X - \left(\frac{1}{P^2}\right)' X'.$$

이 식과 (7.12)를 이용하면

$$\left(\frac{Q}{P}\right)' X = \left(\frac{1}{P^2}X'\right)' = \left(\frac{Q}{P}X - Y\right)'.$$

따라서

$$Y' = \frac{Q}{P}X'. \tag{7.14}$$

이제 (7.12)와 (7.14)를 이용하면 (7.11)이 성립함을 쉽게 알 수 있다. ■

f, g가 (7.13)의 선형 독립인 특수해라 하자. 그러면 일반해는

$$X_1 := a_1 f + a_2 g, \qquad X_2 := b_1 f + b_2 g \tag{7.15}$$

가 되고

$$F := \begin{pmatrix} X_1 & X_2 \\ \frac{Q}{P}X_1 - \frac{1}{P^2}X_1' & \frac{Q}{P}X_2 - \frac{1}{P^2}X_2' \end{pmatrix}$$

는 (7.10)의 해가 된다. 여기서

$$\det F = -\frac{1}{P^2}(X_1X_2' - X_1'X_2).$$

우리는 $\det F = 1$이 되는 a_i, b_j를 찾고자 한다.

일반론에 의하면 W가 이 이계 미분방정식의 론스키안이라 할 때

$$W' + (-2\frac{P'}{P})W = 0.$$

따라서

$$\left(\frac{W}{P^2}\right)' = 0.$$

그러므로 어떤 상수 $c = c(f, g)$에 대하여 $W(f, g) = c(f, g)P^2$.

이제 (7.15)로부터 $W(X_1, X_2) = (a_1b_2 - a_2b_1)W(f, g)$임을 알 수 있다. 그래서

$$-P^2 = (a_1b_2 - a_2b_1)c(f, g)P^2, \quad 즉 \quad a_1b_2 - a_2b_1 = -\frac{1}{c(f, g)}$$

를 만족시키는 상수 a_1, a_2, b_1, b_2를 선택하면 $\det F = 1$이다.

예 7.6.1. 현수면 사촌의 바이에르스트라스 자료는

$$P = \frac{\sqrt{\mu}\sqrt{\mu+1}}{z}, \qquad Q = \sqrt{\mu}\sqrt{\mu+1}.$$

이 자료에 대하여 X를 먼저 구하고 Y를 나중에 구하여 최종적으로 F를 구하여 보아라.

그런데 X가 아니라 Y를 먼저 구할 수도 있다. 그 때는 위와 똑같이 하여 다음과 같은 방정식을 얻는다.

$$\begin{aligned} &Y'' - 2\frac{Q'}{Q}Y' + (P'Q - PQ')Y = 0, \\ &X = \frac{P}{Q}Y + \frac{1}{Q^2}Y'. \end{aligned} \tag{7.16}$$

예 7.6.2. 현수면 사촌의 바이에르스트라스 자료에 대하여 Y를 먼저 구하고 X를 나중에 구하여 최종적으로 F를 구하여 보아라.

질문 7.6.1. 엔네퍼 사촌의 바이에르스트라스 자료는

$$P = i\lambda \cosh \lambda z, \qquad Q = i \sinh \lambda z.$$

위 두 알고리즘 각각에 따라 F를 구해 보아라.[2)]

한편 (7.9)는 위와 같은 아이디어로 풀 수 있으며 $F = \begin{pmatrix} \alpha & \beta \\ \gamma & \delta \end{pmatrix}$ 라고 하면 α, β와 γ, δ는 각각 다음 미분 방정식의 해가 된다.

$$\begin{pmatrix} x' & y' \end{pmatrix} = \begin{pmatrix} x & y \end{pmatrix} \begin{pmatrix} pq & -p^2 \\ q^2 & -pq \end{pmatrix}. \tag{7.17}$$

앞에서와 같이 진행하면

$$\begin{aligned} &x'' - 2\frac{q'}{q}x' - (p'q - pq')x = 0, \\ &y = -\frac{p}{q}x + \frac{1}{q^2}x', \end{aligned} \tag{7.18}$$

2) 2계 미방을 푸는 게 녹록지 않을 것이다 :-)

또는

$$\begin{aligned} &y'' - 2\frac{p'}{p}y' - (p'q - pq')y = 0, \\ &x = -\frac{q}{p}y - \frac{1}{p^2}y'. \end{aligned} \tag{7.19}$$

위 둘 중 하나를 이용하여 x, y를 계산한다.

예 7.6.3. 엔네퍼의 사촌인 경우 (7.19)를 이용하여 y를 먼저 구하는게 좋다. 이 경우 다음 바이에르스트라스 자료를 쓴다.

$$p = i\lambda, \qquad q = i\lambda z.$$

그러면 (7.19)을 풀면 일반적으로

$$y = c_1 \cosh \lambda z + c_2 \sinh \lambda z.$$

이 때

$$\beta = c_2 \sinh \lambda z, \qquad \delta = c_1 \cosh \lambda z$$

라고 하여 α, γ를 구하고 $\det F = 1$이 성립하기 위한 c_1, c_2를 구하다 보면 $c_2 = \lambda$, $c_1 = 1$이 한 해임을 알 수 있다.

7.7 주기 문제

이 절에서는 $\mathbb{H}^3(-1)$의 항등평균곡률1 곡면을 찾는데 발생하는 주기 문제란 무엇인지 간단한 예를 통하여 살펴보고자 한다.

다음 기호는 매우 편리하게 쓰인다.

정의 7.7.1.

$$D(w) := \begin{pmatrix} w & 0 \\ 0 & w^{-1} \end{pmatrix}.$$

이제 $\lambda := \sqrt{5}/2$, $c := 1/\sqrt[4]{5}$,

$$B := \begin{pmatrix} z^{-1} & 1 \\ 1 & 0 \end{pmatrix},\ C := \begin{pmatrix} \frac{\sqrt{5}-1}{2} & -\frac{\sqrt{5}+1}{2} \\ 1 & 1 \end{pmatrix},\ E := \begin{pmatrix} 1 & 1 \\ 0 & 1 \end{pmatrix}$$

라 할 때

$$F(z) := cB(z)D(z^{1/2})CD(z^{\lambda})E$$

는 방정식[3)]

$$dFF^{-1} = \begin{pmatrix} PQ & -P^2 \\ Q^2 & -PQ \end{pmatrix}$$

의 해다. 단 $P := \frac{1}{z}\sqrt{dz}$, $Q := \sqrt{dz}$.

이 F는 사실 $\mathbb{C}\setminus\{0\}$에 잘 정의되어 있지 않다. $\sqrt{z}$와 z^{λ}가 $\mathbb{C}\setminus\{0\}$에 잘 정의되어 있지 않기 때문이다. 이는 다가함수다. 사실 F는 $\mathbb{C}\setminus\{0\}$의 범피복인 $\widetilde{\mathbb{C}\setminus\{0\}}$에 잘 정의되어 있다. 한 $z_0 \in \widetilde{\mathbb{C}\setminus\{0\}}$를 고정하고 $\gamma(0) = z_0$인 곡선 $\gamma(t) = e^{it}, t \in [0, 2\pi]$를 따라 $F \circ \gamma$의 값의 변화를 보면

$$F \circ \gamma(2\pi) = F \circ \gamma(0) \times M, \quad M := -E^{-1} \begin{pmatrix} e^{\sqrt{5}\pi i} & 0 \\ 0 & e^{-\sqrt{5}\pi i} \end{pmatrix} E$$

임을 알 수 있다. 이 M을 F의 0에서의 모노드로미 행렬이라 한다. 이러면

$$\begin{aligned}(F \circ \gamma(2\pi))(F \circ \gamma(2\pi))^{\star} &= (F \circ \gamma(0))MM^{\star}(F \circ \gamma(0))^{\star} \\ &\neq (F \circ \gamma(0))(F \circ \gamma(0))^{\star}.\end{aligned}$$

마지막 등식이 성립하는 것은 $MM^{\star} \neq e_0$임을 살핌으로서 알 수 있다. 따라서 $FF^{\star}$는 $\mathbb{C}\setminus\{0\}$에 잘 정의되어 있지 않다.

이제 임의의 $R \in \mathbf{SL}(2, \mathbb{R})$에 대하여 $F_R := FR$이라 하면 F_R은 여전히 $\mathbb{C}\setminus\{0\}$에 잘 정의되어 있지 않고 $\widetilde{\mathbb{C}\setminus\{0\}}$에는 잘 정의되어

3) [39]에서 이 예를 가져왔는데 부호를 달리 한 부분이 있다.

있다. 그런데 어떤 $R \in \mathbf{SL}(2,\mathbb{R})$에 대해서는 $F_R F_R^\star$는 $\mathbb{C}\setminus\{0\}$에 잘 정의되어 있게 된다. 그런 R을 어떻게 찾을 수 있는지 알아보자. 이 과정이 주기 문제를 해결하는 과정이다.

F_R의 모노드로미 행렬은 $R^{-1}MR$이다. 이러면 다음

$$(R^{-1}MR)(R^{-1}MR)^\star = e_0$$

을 만족시키는 R에 대하여 $F_R F_R^\star$은 $\mathbb{C}\setminus\{0\}$에 잘 정의되게 된다. 이 방정식은 다음과 동치다.

$$M(RR^\star)M^\star = (RR^\star).$$

이는 또 다음과 같다.

$$D(e^{\sqrt{5}\pi i})(ER)(ER)^\star D(e^{\sqrt{5}\pi i})^\star = (ER)(ER)^\star.$$

여기서 $D(e^{\sqrt{5}\pi i})$의 D는 정의 7.7.1에 주어진 그 D다. 간단한 추론에 의하여

$$(ER)(ER)^\star = D(\lambda), \qquad \lambda \in \mathbb{R}\setminus\{0\}$$

임을 알 수 있다. 좌변의 대각합은 양이므로 $\lambda > 0$. 이로부터

$$R = E^{-1}D(1/\sqrt{\lambda})S, \qquad S \in \mathbf{SU}(2)$$

꼴임을 알 수 있다. 역으로 임의의 $S \in \mathbf{SU}(2)$에 대하여 위 꼴의 R에 대하여 $F_R F_R^\star$는 $\mathbb{C}\setminus\{0\}$에 잘 정의되어 있다.

7.8 항등평균곡률 1 회전면의 예

다음 소정리에 등장하는 F는 쌍곡 공간만이 아니라 더시터르 공간, 광원뿔 공간에 있는 항등평균곡률 회전곡면을 기술하는 데에도 유용하게 쓰인다.

소정리 7.8.1 ([36]). $\nu \in \mathbb{C} \setminus \{0\}$에 대하여

$$B(\nu) := \begin{pmatrix} \frac{\sqrt{\nu}+\sqrt{\nu}^{-1}}{2} & \frac{\sqrt{\nu}-\sqrt{\nu}^{-1}}{2} \\ \frac{\sqrt{\nu}-\sqrt{\nu}^{-1}}{2} & \frac{\sqrt{\nu}+\sqrt{\nu}^{-1}}{2} \end{pmatrix}$$

이라 할 때

$$F(z) := D(z^{1/2})B(\nu)D(z^{-\nu/2}) \tag{7.20}$$

는 정칙이며 비어있다. 즉 $\det F_z = 0$이다. 이것의 바이에르스트라스 자료는 다음과 같다.[4)]

$$G = z, \qquad \Omega = \frac{1-\nu^2}{4z^2}dz, \tag{7.21}$$

$$g = z^\nu, \qquad \omega = \frac{1-\nu^2}{4\nu}z^{-1-\nu}. \tag{7.22}$$

$\beta \in \mathbb{C} \setminus \{0\}$에 대하여 다음 함수[5)]

$$\begin{aligned} F(z) &:= \begin{pmatrix} 1 & z \\ 0 & 1 \end{pmatrix} F_1(z), \\ F_1(z) &:= D(\beta^{-1/2}) \begin{pmatrix} \cos(\beta z) & -\sin(\beta z) \\ \sin(\beta z) & \cos(\beta z) \end{pmatrix} D(\beta^{1/2}) \end{aligned} \tag{7.23}$$

또한 정칙이며 비었다. 이것의 바이에르스트라스 자료는 다음과 같다.

$$G = z, \qquad \Omega = \beta^2 dz, \tag{7.24}$$

$$g = \beta^{-1}\tan\beta z, \qquad \omega = \beta^2\cos^2(\beta z). \tag{7.25}$$

4) $G = z, \Omega = \frac{1}{4z^2}dz$인 경우, 즉 $\nu = 0$인 경우, 해는 다음과 같다.

$$F(z) := \frac{1}{2\sqrt{z}} \begin{pmatrix} -z & z(-2+\log z) \\ 1 & -2-\log z \end{pmatrix}.$$

이 때 $g = \ln z$, $\omega = \frac{1}{4z}dz$.

5) 이 함수는 [36]에서 3차원 더시터르 공간에 있는 항등평균곡률 1 포물 현수면을 만들기 위하여 고안되었다.

(7.20)는 사실 [36]에 있는 후지모리가 필자에게 가르쳐 준 표현을 약간 변형한 것이며 ν를 $2\mu+1$로, z를 z^{-1}로 치환하면 브라이언트의 [46]에 나와 있는 현수면의 사촌에 대한 F가 얻어진다.

7.8.1 타원 현수면

소정리 7.8.2 ([36]). (7.20)의 F에 대하여 $\nu \in (0,1)\cup(1,\infty)$일 때 $FF^\star$는 타원회전에 불변인 곡면이다.

증명. $z = e^{s+it}$라고 하면

$$D(z^{1/2}) = D(e^{it/2})D(e^{s/2}).$$

한편

$$D(z^{-\nu/2})D(z^{-\nu/2})^\star = D(e^{-\nu s/2 - i\nu t/2})D(e^{-\nu/2s+i\nu t/2}) = D(e^{-\nu s})$$

여서 이는 s에만 의존하고 t에는 의존하지 않는 s만의 함수임을 알 수 있다. 편의상

$$r(s) := D(z^{-\nu/2})D(z^{-\nu/2})^\star$$

라고 하면 다음을 알 수 있다.

$$X(z) := F(z)F(z)^\star = D(e^{it/2})\gamma(s)D(e^{it/2})^\star,$$
$$\gamma(s) := D(e^{s/2})B(\nu)r(s)B(\nu)^\star D(e^{s/2})^\star.$$

여기서 $D(e^{s/2}), B(\nu), \delta(s)$는 모두 $x_2 = 0$을 만족시키므로 $\gamma(s)$는 $x_2 = 0$인 $\mathbb{H}^2(-1) \subset \mathbb{H}^3(-1)$에 들어 있다. 따라서 $X(e^{s+i\theta})$는 $\gamma(s)$를 x_1x_2-평면에서 회전시켜 얻어진 곡면이다.[6) ■

6) 그림 D.1a

7.8.2 쌍곡 현수면

소정리 7.8.3. (7.20)의 F에 대하여 $\nu = i\delta, \delta \in (0, \infty)$일 때 $FF^\star$는 쌍곡회전에 불변인 곡면이다.[7) 8)]

증명. $z = e^{s+it}, \nu = i\delta$라 하면

$$D(z^{1/2}) = D(e^{s/2})D(e^{it/2}).$$

한편 $D(z^{-\nu/2})D(z^{-\nu/2})^\star = D(e^{\delta t})$여서 이는 s에는 의존하지 않는 t만의 함수다. 편의상

$$r(t) := D(z^{-\nu/2})D(z^{-\nu/2})^\star$$

라고 하면

$$F(e^{s+it})F(e^{s+it})^\star = D(e^{s/2})\gamma(t)D(e^{s/2})^\star,$$
$$\gamma(t) := D(e^{it/2})B(i\delta)r(t)B(i\delta)^\star D(e^{-it/2})^\star.$$

직접 계산에 의하면 $B(i\delta)r(t)B(i\delta)^\star$의 x_3 성분은 0이다.[9)] 따라서 γ의 이미지는 $x_3 = 0$인 $\mathbb{H}^2(-1) \subset \mathbb{H}^3(-1)$에 있다. 따라서 X의 이미지는 곡선 γ의 이미지를 x_0x_3-평면의 쌍곡 회전으로 돌린 것이다. ■

참고 7.8.1. 사실 다음 쌍곡 회전에 불변인 항등평균곡률 *1* 곡면을

7) 그림 D.1b

8) [36]을 연구할 당시 미처 축이 없는 회전에 대하여 생각하지 못하였다. 그런데 조장환 박사가 parabolic rotation, hyperbolic rotation에 불변인 항등평균곡률 1 곡면도 있는 것 아니냐 해서 아차 하고 연구를 계속하여 쌍곡 현수면과 포물 현수면을 찾아내게 되었다.

9) 이 계산 반드시 수행해 보기 바란다. 나는 많이 헷갈렸다.

먼저 찾아냈다.

$$X(u,v)=\begin{pmatrix} e^{v}\cosh u & -e^{-iu}\sinh u \\ -e^{iu}\sinh u & e^{-v}\cosh u \end{pmatrix}$$
$$=D(e^{v/2})\begin{pmatrix} \cosh u & -e^{-iu}\sinh u \\ -e^{iu}\sinh u & \cosh u \end{pmatrix}D(e^{v/2})^{\star}.$$

$z=u+iv$라 할 때 $\det X=1, \det(X_z)=0, (X_zX^{-1})_{\bar z}=0$인 것은 쉽게 확인할 수 있다.

$$\Omega := dFF^{-1}=X_zX^{-1}dz=\begin{pmatrix} 1 & -ie^{2z} \\ -ie^{-2z} & -1 \end{pmatrix}dz.$$

만약 $e^{2z}=-iw$면 $G=w$, $\Omega=\frac{1}{2w^2}dw$.

7.8.3 포물 현수면

(7.23)의 F를 직접 사용하지 않고 다음과 같이 약간 변형한다. 먼저 $B:=\frac{1}{\sqrt{2}}\begin{pmatrix} e^{-\pi i/4} & e^{-\pi i/4} \\ -e^{\pi i/4} & e^{\pi i/4} \end{pmatrix}$라 하면[10] 다음이 성립함을 알 수 있다.

$$\begin{pmatrix} \cos(\beta z) & -\sin(\beta z) \\ \sin(\beta z) & \cos(\beta z) \end{pmatrix}=BD(e^{i\beta z})B^{\star}.$$

이제

$$F_2(z):=F_1(z)D(\beta^{1/2})^{-1}(B^{\star})^{-1}=D(\beta^{-1/2})BD(e^{i\beta z})$$

라 하면

$$F(z):=\begin{pmatrix} 1 & z \\ 0 & 1 \end{pmatrix}F_2(z) \tag{7.26}$$

10) 이 관계가 성립하는 것을 확인하기는 쉽다. 그러나 이런 관계가 성립할 것이라고 예상하는 건 어려웠다.

의 G, Ω 또한 (7.24)와 같다. 참고로 이 F에 대해

$$G = z, \qquad \Omega = \beta^2 dz, \tag{7.27}$$

$$g = -e^{-2i\beta z}, \qquad \omega = \frac{i\beta}{2} e^{-2i\beta z} dz. \tag{7.28}$$

(7.24), (7.25)와 비교하여 보아라. 이러면 $\beta \in \mathbb{R} \setminus \{0\}$, $z = e^{s+it}$ 일 때

$$D(e^{i\beta(s+it)})D(e^{i\beta(s+it)})^\star = \begin{pmatrix} e^{-2\beta t} & 0 \\ 0 & e^{2\beta t} \end{pmatrix}$$

이므로 s에는 의존하지 않는 t만의 함수임을 알 수 있다. 편의상

$$r(t) := D(e^{i\beta(s+it)})D(e^{i\beta(s+it)})^\star$$

라고 하면

$$F(z)F(z)^\star = \begin{pmatrix} 1 & s \\ 0 & 1 \end{pmatrix} \gamma(v) \begin{pmatrix} 1 & s \\ 0 & 1 \end{pmatrix}^\star,$$

$$\gamma(v) := \begin{pmatrix} 1 & it \\ 0 & 1 \end{pmatrix} D(\beta^{-1/2})Br(t)B^\star D(\beta^{-1/2})^\star \begin{pmatrix} 1 & it \\ 0 & 1 \end{pmatrix}^\star.$$

따라서 임의의 $\beta \in \mathbb{R} \setminus \{0\}$에 대하여 $F(z)F(z)^\star$는 포물 회전에 불변이다.[11)]

참고 7.8.2. 여기서 왜 $F_A := \begin{pmatrix} 1 & z \\ 0 & 1 \end{pmatrix} F_1(z)$ 대신에 $F_B := \begin{pmatrix} 1 & z \\ 0 & 1 \end{pmatrix} F_2(z)$를 생각하는지 궁금할 수 있다. 이는 뒤에서 보게 되겠지만 한 F에 대하여 $Fe_0F^\star$, $Fe_3F^\star$, $F\frac{e_0+e_3}{2}F^\star$ 모두가 각각 $\mathbb{H}^3(-1)$, $\mathbb{S}^3_1(1)$, $\mathbb{Q}^3$의 회전곡면이 되기를 바라는데 $F := F_B$는 그런 성질을 갖지만 $F := F_A$는 그렇지 않기 때문이다.

11) 그림 D.1c

7.9 항등평균곡률 1 회전면의 수반 곡면

이제 나선면을 찾아보자. 여기서 유클리드 공간의 극소곡면론이나 로렌츠 공간의 극대곡면론과는 다른 부분이 발생한다. 바이에르스트라스 자료가 g, ω, G, Ω 인 항등평균곡률 1 곡면의 수반 곡면의 데이터가 $g, i\omega$ 인가 $G, i\Omega$ 인가 하는 질문이 떠 오른다. 둘은 다른 곡면을 준다.

이 질문에 관해 후지모리에게 조언을 구하였는데 논의 결과 다음과 같은 결론을 얻었다. 먼저 $\mathbb{E}^3$ 에서 극소곡면의 수반 곡면은 계량기와 가우스 사상을 모두 보존하는데 사실은 다음이 성립한다.

소정리 7.9.1. *([52, 4권, 9장, 정리 9])* 두 극소곡면이 서로 등장적이면 한 곡면은 다른 곡면의 수반 곡면 중의 하나와 합동이다.

이것이 말하는 바는 수반 곡면들 사이에서 가우스 사상이 보존되는 것은 결과적으로 따라 나온다는 것이다. 따라서 가우스 사상이 같기를 고집하는 것보다 서로 등장적이를 요구하는 것이 수반 사상의 정의가 되야 한다. $\mathbb{H}^3(-1)$ 의 항등평균 곡률 1 곡면의 경우 계량기는 $ds^2 = (1+|\omega|)^2|g|^2$ 이므로 $g, e^{i\theta}\omega$를 고려하는 것이 수반 곡면을 고려하는 것이다.

7.9.1 쌍곡 공간의 나선 운동

유클리드 공간과 로렌츠 공간에서 회전 극소/극대 곡면의 수반 곡면은 나선면이다. 쌍곡 공간에서도 그럴까? 그걸 들여다 보기 위해선 먼저 쌍곡 공간의 나선 운동이 어떻게 생겼는지 식으론 어떻게 쓸 수 있는지 알아볼 필요가 있다. 양성덕의 미분기하강의 2편의

§ 8.7.6을 참고하라. 다음 곡선은 쌍곡 공간의 곧은선이다.

$$\gamma(s) = \begin{pmatrix} e^s & 0 \\ 0 & e^{-s} \end{pmatrix}.$$

이 곡선에 대하여 다음 두 강체 운동을 생각해 본다.

$$R_1(\theta) = \begin{pmatrix} e^{i\theta/2} & 0 \\ 0 & e^{-i\theta/2} \end{pmatrix}, \quad R_2(\phi) = \begin{pmatrix} e^{\phi/2} & 0 \\ 0 & e^{-\phi/2} \end{pmatrix}.$$

R_1은 x_0x_3 성분을 고정시키며 따라서 γ의 점은 R_1에 대하여 움직이지 않는다. 한편 R_2는 γ의 점을 γ를 따라서 움직인다. 즉 R_2는 γ를 따라가는 평행이동으로 볼 수 있다. 따라서

$$R_1(bt)R_2(at) = R_2(at)R_1(bt) = \begin{pmatrix} e^{(a+ib)t/2} & 0 \\ 0 & e^{-(a+ib)t/2} \end{pmatrix}$$

는 γ를 축으로 하는 나선 운동이다.

γ에 수직인 곧은선을 $R_1(bt)R_2(at)$로 회전시킨 곡면의 식을 어떻게 쓸 수 있을까? 먼저 $\delta(s) = (x_0, x_1, x_2, x_3) = (\cosh s, \sinh s, 0, 0)$은 $(1, 0, 0, 0)$에서 γ 와 만나는 곧은선이며 γ에 수직이며 행렬로는 다음과 같다.

$$\delta(s) = \begin{pmatrix} \cosh s & \sinh s \\ \sinh s & \cosh s \end{pmatrix}.$$

따라서 이를 나선운동으로 옮긴 곡면의 식은 다음과 같다.

$$X(s,t) := R_1(bt)R_2(at)\delta(s)R_2(at)^\star R_1(bt)^\star.$$

참고 7.9.1. 이 외에는 나선 운동이 없는가? 다음을 생각해 보자. $\alpha = x_0 + x_3$, $\beta = x_0 - x_3$라고 하자. 그리고 $\alpha\beta x_1x_2$-좌표계를 생각해 보자. 그리고 αx_1을 고정시키는 포물 회전을 $R_1(s)$라 하고 βx_2를 고정시키는 회전을 $R_2(t)$라 하자. 그러면 $R_1(s)$와 $R_2(t)$는 서로 호환되는 회전이다. 따라서 $R_1(as)R_2(bs)$는 나선 운동이다.

자 이 나선 운동에 대하여 불변인 항등평균곡률 1 나선면이 있겠는가? 간단한 계산에 의하여 다음을 알 수 있다.

$$R_1(u) := \begin{pmatrix} 1 & 0 \\ iu & 1 \end{pmatrix}, \qquad R_2(u) := \begin{pmatrix} 1 & 0 \\ u & 1 \end{pmatrix},$$
$$R_3(u) := \begin{pmatrix} 1 & iu \\ 0 & 1 \end{pmatrix}, \qquad R_4(u) := \begin{pmatrix} 1 & u \\ 0 & 1 \end{pmatrix}$$

라 할 때 R_1은 $x_0 + x_3$와 x_1의 값을, R_2은 $x_0 + x_3$와 x_2의 값을, R_3은 $x_0 - x_3$와 x_1의 값을, R_4은 $x_0 - x_3$와 x_2의 값을 고정시킨다. 따라서 우리가 원하는 쌍은 R_1과 R_4 쌍, 또는 R_2와 R_3 쌍이다. 즉, 질문은

$$R_1(as)R_4(bs) \quad \text{또는} \quad R_2(as)R_3(bs)$$

에 불변인 항등평균곡률 0 또는 1 곡면이 있겠는가?

7.9.2 준비

(7.22)에 의거하여 다음 자료를 생각해 본다.

$$g = z^\nu, \quad \omega = e^{i\theta}\frac{1-\nu^2}{4\nu}z^{-\nu-1}, \qquad \nu \in \mathbb{C} \setminus \{0, 1, -1\}. \tag{7.29}$$

이 자료를 가지고 구한 (7.18)의 답은 다음과 같다.

$$\begin{aligned} x(z) &:= c_1 z^{-\nu/2-a/2} + c_2 z^{-\nu/2+a/2}, \\ a = a(\nu) &:= e^{i\theta/2}\sqrt{1+(e^{-i\theta}-1)\nu^2} \in \mathbb{C}. \end{aligned} \tag{7.30}$$

만약 $c_1 = 0$이면 $y(z) = \tilde{c}_2 z^{(\nu+a)2}$, 만약 $c_2 = 0$이면 $y(z) = \tilde{c}_1 z^{(\nu-a)/2}$. 단

$$\tilde{c}_1 := c_1\alpha, \qquad \alpha := \left(\frac{2\nu(\nu+a)e^{-i\theta}}{\nu^2-1} - 1\right), \tag{7.31}$$

$$\tilde{c}_2 := c_2\beta, \qquad \beta := \left(\frac{2\nu(\nu-a)e^{-i\theta}}{\nu^2-1} - 1\right). \tag{7.32}$$

그래서 다음 특수해를 얻는다.

$$F(z) = \begin{pmatrix} c_2 z^{-\nu/2+a/2} & \tilde{c}_2 z^{\nu/2+a/2} \\ c_1 z^{-\nu/2-a/2} & \tilde{c}_1 z^{\nu/2-a/2} \end{pmatrix}.$$

이는 다음과 같다.

$$F(z) = D(z^{a/2})AD(z^{-\nu/2}), \tag{7.33}$$

$$A := \begin{pmatrix} c_2 & \tilde{c}_2 \\ c_1 & \tilde{c}_1 \end{pmatrix} = \begin{pmatrix} c_2 & 0 \\ 0 & c_1 \end{pmatrix} \begin{pmatrix} 1 & \beta \\ 1 & \alpha \end{pmatrix}.$$

여기서 $\det F = \det A = \frac{4\nu}{\nu^2-1} a c_1 c_2 e^{-i\theta}$가 1이 되도록 하기 위해 다음과 같이 c_1, c_2를 정한다.

$$c_2 := \frac{\nu+1}{2\sqrt{\nu}} \left(\frac{e^{i\theta}}{a}\right)^{1/2}, \quad c_1 := \frac{\nu-1}{2\sqrt{\nu}} \left(\frac{e^{i\theta}}{a}\right)^{1/2}. \tag{7.34}$$

이러면

$$A = \left(\frac{e^{i\theta}}{a}\right)^{1/2} \begin{pmatrix} \frac{\nu+1}{2\sqrt{\nu}} & 0 \\ 0 & \frac{\nu-1}{2\sqrt{\nu}} \end{pmatrix} \begin{pmatrix} 1 & \beta \\ 1 & \alpha \end{pmatrix}. \tag{7.35}$$

이제 (7.33), (7.35)를 결합하여 임의의 ν에 대하여 F를 결정한다.

7.9.3 타원형 항등평균곡률 1 나선면

이제 $\nu \in (0,1) \cup (1,\infty)$인 경우에 대하여 생각해 보자.

이 곡면과 나선 운동의 관계에 대하여 알아보자. 이미 앞에서 살펴본 바와 같이 $z = e^{s+it}$라 하면

$$D(z^{-\nu/2})D(z^{-\nu/2})^\star = D(e^{-\nu s}) =: \delta(s)$$

는 t와는 무관하다. 한편 $a = b + ic$라고 하면

$$D(z^{a/2}) = D(e^{iat/2})D(e^{as/2}) = D(e^{-ct/2})D(e^{ibt/2})D(e^{as/2}).$$

여기서 $D(e^{-ct/2})D(e^{ibt/2})$는 회전 운동과 이동의 합성인 나선운동

이다. 이래서

$$F(e^{s+it})F(e^{s+it})^{\star} = D(e^{-ct/2})D(e^{ibt/2})\gamma(s)D(e^{ibt/2})^{\star}D(e^{-ct/2})^{\star},$$
$$\gamma(s) := D(e^{as/2})A\delta(s)A^{\star}D(e^{as/2})^{\star}$$

는 나선면이다. 유클리드 경우와 같이 $\theta = \pi/2$인 경우에 특별한 나선면이 나올 것인가? $G = z, \Omega = i\frac{1-\nu^2}{4z^2}dz$를 가지고 곡면을 구하면 나선운동에 불변인 곡면이겠는가, 아니겠는가?등의 질문에 대한 답을 내는 것은 독자의 몫으로 남긴다.

7.9.4 쌍곡형 항등평균곡률 1 나선면

이제 $\nu = i\delta$, $\delta \in (0, \infty)$인 경우를 생각하자. 이러면 쌍곡형 항등평균곡률 1 현수면의 수반곡면이 얻어진다. 이 때 $\theta = \frac{\pi}{2}$면 나선면이 얻어질 것으로 기대해 본다.

7.9.5 포물형 항등평균곡률 1 나선면

β가 양의 실수,

$$F(z) := \frac{1}{\sqrt{2}}\begin{pmatrix} 1 & z \\ 0 & 1 \end{pmatrix}\begin{pmatrix} \frac{1}{\sqrt{i\beta}} & 0 \\ 0 & \sqrt{i\beta} \end{pmatrix}\begin{pmatrix} e^{i\beta z} & e^{-i\beta z} \\ -e^{i\beta z} & e^{-i\beta z} \end{pmatrix}$$

일 때, $FF^{\star}$는 $\mathbb{H}^3(-1)$의 포물 나선면이 됨을 살펴보았다. 이 F에 대하여 다음을 정의하자.

$$\Omega := e^{i\theta}F^{-1}F_z = e^{i\theta}\frac{i\beta}{2}\begin{pmatrix} 1 & e^{-2i\beta z} \\ -e^{2i\beta z} & -1 \end{pmatrix}.$$

이제 (7.9), (7.17), (7.18) 에서 제시한 알고리즘을 적용하여 $F^{-1}F_z = \Omega$인 F를 구하면 다음 해가 얻어진다.

$$a := i - c, \qquad b := i + c, \qquad c := \sqrt{-1 + e^{i\theta}}$$

$$F(z) := \frac{1}{\sqrt{4ie^{-i\theta}\sqrt{-1+e^{i\theta}}}} \begin{pmatrix} e^{a\beta z} & e^{-b\beta z}(1 + 2aie^{-i\theta}) \\ e^{b\beta z} & e^{-a\beta z}(1 + 2bie^{-i\theta}) \end{pmatrix}.$$

자, 이제 이 해를 이용하면 정말로 나선면이 얻어지는 가를 분석해야 한다.

간단한 분석에 의하여 다음이 성립함을 알 수 있다.

$$\begin{pmatrix} e^{a\beta z} & e^{-b\beta z}(1 + 2aie^{-i\theta}) \\ e^{b\beta z} & e^{-a\beta z}(1 + 2bie^{-i\theta}) \end{pmatrix} = \begin{pmatrix} e^{-c\beta z} & 0 \\ 0 & e^{c\beta z} \end{pmatrix} \begin{pmatrix} 1 & A \\ 1 & B \end{pmatrix} \begin{pmatrix} e^{i\beta z} & 0 \\ 0 & e^{-i\beta z} \end{pmatrix}.$$

단

$$A := (1 + 2aie^{-i\theta}), \qquad B := (1 + 2bie^{-i\theta}).$$

따라서 $K := \begin{pmatrix} \frac{1}{\sqrt{B-A}} & \frac{A}{\sqrt{B-A}} \\ \frac{1}{\sqrt{B-A}} & \frac{B}{\sqrt{B-A}} \end{pmatrix}$라고 하면

$$F(z) = D(e^{-c\beta z})KD(e^{i\beta z}) \tag{7.36}$$

이 때 $z = u + iv$라 하면

$$D(e^{i\beta z})D(e^{i\beta z})^\star = D(e^{-2\beta v}). \tag{7.37}$$

즉 이는 u에는 의존하지 않는 v만의 함수다. 편의상

$$\delta(v) := D(e^{i\beta z})D(e^{i\beta z})^\star$$

라고 하자. 이제 $c = d + ei$라고 하자. 그러면

$$D(e^{-c\beta z}) = D(e^{-(d+ei)\beta u})D(e^{-(d+ei)\beta iv}).$$

따라서

$$F(u+iv)F(u+iv)^\star = D(e^{-(d+ei)\beta u})\gamma(v)D(e^{-(d+ei)\beta u})^\star,$$
$$\gamma(v) := D(e^{-(d+ei)\beta iv})A\delta(v)A^\star D(e^{-(d+ei)\beta iv})^\star.$$

즉 $F(u+iv)F(u+iv)^\star$는 곡선 $\gamma(v)$를 나선 운동 $D(e^{-(d+ei)\beta u})$로 움직여 얻어진다.

7.10 스몰의 식을 이용하여 곡면 찾기

앞에서 F를 찾는 법은 G, Q를 알고 있을 때 미분 방정식을 풀거나 g, Q를 알고 있을 때 미분 방정식을 푸는 것이었다. 그런데 g와 G를 알면 F를 적분 없이 구할 수 있는데 그걸 스몰의 공식이라고 한다.

소정리 7.10.1 ([53]). 쌍곡 가우스 사상이 G, 둘째 가우스 사상이 g인 정칙이며 빈 F는 다음과 같이 쓰여진다.

$$F = \begin{pmatrix} G\frac{da}{dG} - a & G\frac{db}{dG} - b \\ \frac{da}{dG} & \frac{db}{dG} \end{pmatrix}, \qquad a := \sqrt{\frac{dG}{dg}}, b := -ga.$$

그런데 일반적으로 G, Q가 주어지거나 g, Ω가 주어지지 G, g가 주어지진 않는다. 특히 유클리드 공간의 극소곡면의 바이에르스트라스 자료를 변형하여 쌍곡 공간의 항등평균곡률 곡면의 바이에르스트라스 자료를 얻는 경우가 많은데 이로부터는 G와 g가 주어지는 것이 아니다.

그런데 G, Q가 주어지면 g를 찾을 수 있는 방법이 있다. 이는 특히 주어진 곡면의 수반 곡면을 찾는데 매우 유용한데 한 곡면이 주어지면 G와 Q는 알려진 것과 같다. 이로부터 다음 알고리즘을 사용하여 g를 구한 후 스몰의 공식을 사용하면 F를 얻고 따라서 수반 곡면을 찾을 수 있다.

소정리 7.10.2. 호프 미분 형식, 쌍곡 가우스 사상, 둘째 가우스 사상 Q, G, g 사이에 다음 관계가 성립한다. *[44]* 참조.

$$2Q = S(g) - S(G) \tag{7.38}$$

단 $S(g) = S_z(g)dz^2$,

$$S_z(g) := \left(\frac{g''}{g'}\right)' - \frac{1}{2}\left(\frac{g''}{g'}\right)^2 \qquad (\ ' := \frac{d}{dz})$$

는 g의 슈바르츠 도함수라고 한다.

증명. [12] $F = \begin{pmatrix} A & B \\ C & D \end{pmatrix}$라 하면 $G = \frac{A'}{C'} = \frac{Ag+B}{Cg+D}$. 이 때 다음

$$A' = (Ag + B)\omega,\ B' = -gA',\ C' = (Cg + D)\omega,\ D' = -gC'$$

과 $AD - BC = 1$을 이용하면 다음을 얻을 수 있다.

$$G' = \frac{g'}{(Cg + D)^2}, \qquad G'' = \frac{g''}{(Cg + D)^2} - \frac{2Cg'^2}{(Cg + D)^3}.$$

따라서

$$\frac{G''}{G'} = \frac{g''}{g'} - \frac{2Cg'}{Cg + D},$$

$$\left(\frac{G''}{G'}\right)' = \left(\frac{g''}{g'}\right)' - 2\omega g' - \frac{2Cg''}{Cg + D} + \frac{2C^2g'^2}{(Cg + D)^2}.$$

이로부터 결론이 따라 나온다. ■

그런데 주어진 G와 Q에 대하여 식 (7.38)을 만족시키는 g는 유일하지 않으며 뫼비우스 변환만큼 있다는 것을 다음 사실로부터

12) 나는 이 증명을 후지모리로부터 배웠다.

알 수 있다.

소정리 7.10.3. f, g가 복소변수 z의 정칙함수면

$S_z(f) = S_z(g) \Leftrightarrow$ 어떤 $A \in \mathbf{SL}(2, \mathbb{C})$에 대하여 $f(z) = A \star g(z)$.

이 정리의 증명은 다음 두 소정리로부터 따라 나온다.

소정리 7.10.4.

$$S_z(f) = 0 \Leftrightarrow f(z) = A \star z, \ A \in \mathbf{SL}(2, \mathbb{C}).$$

증명. ($\Rightarrow$) $S_z(f) = 0$이라고 하자. $X := f''/f'$이라고 하면 가정에 의해 $X' - X^2/2 = 0$. 따라서 $f''/f' = X = -2/(z + c)$, $c \in \mathbb{C}$, 또는 $X \equiv 0$. 이로부터 f를 구할 수 있다.($\Leftarrow$) 당연. ■

소정리 7.10.5. 두 복소변수 z와 w 사이에 일대일 대응이 성립한다고 하자. 이러면 z의 함수 f는 w의 함수로 볼 수 있다. 이 때

$$S_w(f)dw^2 = S_z(f)dz^2 + S_w(z)dw^2. \tag{7.39}$$

증명. $f_w = f_z z_w$, $f_{ww} = f_{zz}(z_w)^2 + f_z z_{ww}$. 따라서

$$\frac{f_{ww}}{f_w} = \frac{f_{zz}}{f_z} z_w + z_{ww} w_z = \frac{f_{zz}}{f_z} z_w + (z_w)_z.$$

마지막 등호에서 $z_{ww} w_z = (z_w)_w w_z = (z_w)_z$ 임을 이용하였다. 그러므로

$$\left(\frac{f_{ww}}{f_w}\right)_w = \left(\frac{f_{ww}}{f_w}\right)_z z_w = \left(\frac{f_{zz}}{f_z}\right)_z z_w + \frac{f_{zz}}{f_z}(z_w)_z + (z_w)_{zz} z_w.$$

이로부터 $S_w(f)$를 구해 보면 다음을 얻는다.

$$S_w(f) - S_z(f)(z_w)^2 = z_w (z_w)_{zz} - ((z_w)_z)^2/2.$$

그런데 우변은 $S_w(z)$와 같다. ■

식 (7.39)에서 $w = f$라 하면 다음을 얻는다.

따름정리 7.10.1.

$$S_z(f) = -S_f(z)(f_z)^2.$$

이제 소정리 7.10.3을 증명할 수 있다. 다음을 살피자.

$$S_f(g) = S_z(g)(z_f)^2 + S_f(z) = S_z(f)(z_f)^2 - S_z(f)(z_f)^2 = 0.$$

여기서 첫 번째 등호는 (7.10)으로부터, 두 번째 등호는 가정과 따름정리 7.10.1로부터 나온다. 이제 소정리 7.10.4로부터 결론이 따라 나온다.

아쉽게도 임의의 f에 대하여

$$S(g) = f$$

를 만족시키는 g를 찾아내는 일반적 일고리즘은 알려져 있지 않다고 한다. 다행히 현수면의 경우에는 이 알고리즘을 통하여 많은 분석을 할 수 있다.

주어진 G, Q에 대하여 g를 구할 때 다른 해를 생각하게 되면 곡면 $FF^\star$의 모양은 어떻게 변할까? g가 한 해면 다른 해는 $\hat{g} = A \star g$, $A \in \mathbf{SL}(2, \mathbb{C})$의 꼴이다. 이 때 간단한 계산에 의하여 다음을 알 수 있다.

$$\begin{pmatrix} \hat{a} & \hat{b} \end{pmatrix} = \pm \begin{pmatrix} a & b \end{pmatrix} A^{-1}.$$

따라서

$$\hat{F} = \begin{pmatrix} G/G' \\ 1/G' \end{pmatrix} \begin{pmatrix} \hat{a}' & \hat{b}' \end{pmatrix} - \begin{pmatrix} 1 \\ 0 \end{pmatrix} \begin{pmatrix} \hat{a} & \hat{b} \end{pmatrix} = \pm F A^{-1},$$

$$\hat{F}\hat{F}^\star = F(A^{-1})(A^{-1})^\star F^\star.$$

그러므로 $A \in \mathbf{SU}(2)$면 $\hat{F}\hat{F}^\star = FF^\star$, 즉 곡면의 모양은 변하지

않는다. $A \in \mathbf{SL}(2, \mathbb{C}) \setminus \mathbf{SU}(2)$ 면 곡면의 모양이 변한다. 이 현상은 언제 사용하는가 하면 $FF^\star$ 가 닫힌 곡면이 아닐 때 적당한 $A \in \mathbf{SL}(2, \mathbb{C}) \setminus \mathbf{SU}(2)$를 구하여 $(FA)(FA)^\star$가 닫힌 곡면이 되도록 할 때 사용한다.

제 8 장

3차원 더시터르 공간의 항등평균곡률 1 곡면론

8.1 3차원 더시터르 공간의 기하

3차원 더시터르 공간은 다음 집합을 가리킨다.

$$\begin{aligned}\mathbb{S}^3_1(1) &= \{(x_0,x_1,x_2,x_3)\in\mathbb{L}^4 : -x_0^2+x_1^2+x_2^2+x_3^2=1\}\\ &= \{X\in\mathbb{L}^4 : \langle X,X\rangle = 1\}\\ &= \{X\in\mathcal{H}erm(2,\mathbb{C}) : \det X = -1\}.\end{aligned}$$

$\mathbb{S}^3_1(1)$의 임의의 점은 다음과 같이 나타낼 수 있다.

$$\Phi(\rho,\theta,\varphi) = \begin{pmatrix}\sinh\rho+\cosh\rho\sin\varphi & \cosh\rho\cos\varphi e^{i\theta}\\ \cosh\rho\cos\varphi e^{-i\theta} & \sinh\rho-\cosh\rho\sin\varphi\end{pmatrix}.$$

이로부터 $\mathbb{S}^3_1(1)$에 들어 있는 여러 곡면의 식을 알 수 있다.

예 8.1.1.

$$X(\rho,\theta) := \Phi(\rho,\theta,0)$$

는 더시터르 공간에 있다. 이는 초공간 $x_3=0$과 더시터르 공간과의 공통부분이다.

예 8.1.2. 임의의 실수 ρ_0에 대하여

$$X(\theta,\phi) := \Phi(\rho_0,\theta,\phi)$$

는 더시터르 공간에 있는 구면을 나타낸다. 이는 초공간 $x_0 = \sinh\rho_0$와 더시터르 공간과의 공통부분이다.

$\mathbb{L}^4\setminus\{0\}$에서 다음 집합

$$S1 = \{(x_0,x_1,x_2,x_3)\in L^4 : x_0^2+x_1^2+x_2^2+x_3^2=1\}$$

로의 중심사영 Π_1을 생각하라. 그러고 나서 남극점 $(x_0,x_1,x_2,x_3)=(-1,0,0,0)$으로부터 초공간 $x_0=0$으로의 입

체사영 Π_2를 생각하라. 그 둘의 합성 $\Phi_2 \circ \Phi_1$은 다음과 같다.

$$\Phi_2 \circ \Phi_1 : (x_0, x_1, x_2, x_3) \mapsto \frac{(x_1, x_2, x_3)}{x_0 + \sqrt{2x_0^2 + 1}}.$$

이 사상은 $\mathbb{H}^3(-1)$을 반지름이 $\sqrt{2} - 1$인 구로 보낸다. 그리고 $\mathbb{S}_1^3(1)$을 속이 비어있는 두꺼운 공으로 보내는데 그 안 쪽의 반지름은 $\sqrt{2} - 1$ 바깥쪽의 반지름은 $\sqrt{2} + 1$이다. 그리고 마지막으로 아래쪽에 있는 $\mathbb{H}^3(-1)$을 (남극점 제하고) 반지름이 $\sqrt{2} + 1$인 구 바깥으로 보낸다.

이 사상[1)] 은 더시터르 공간의 곡면과 쌍곡 공간의 곡면이 어떻게 연결되는가를 들여다 보는 데에 유용하다. $\mathbb{S}_1^3(1)$의 입체사영에 의한 속이 빈 공 모델이란 $\Pi_2 \circ \Pi_1$으로 $\mathbb{S}_1^3(1)$을 보내 얻어진 모델을 가리킨다.

질문 8.1.1. $\mathbb{S}_1^3(1)$의 여러 곡면들을 그려보아라.

이 모델을 통해 $\mathbb{S}_1^3(1)$이 단순연결되었다는 사실을 쉽게 볼 수 있다.

8.2 3차원 더시터르 공간의 외적

참고문헌은 [36]이다.

$\mathbb{S}_1^3(1)$의 한 점 p에서 두 접벡터 V와 W의 곱이 어떻게 주어지는지 생각해 보자. 먼저 $V \times W$는 여전히 $T_p\mathbb{S}_1^3(1)$에 들어 있어야 한다. 그러므로 $\langle p, V \times W \rangle = 0$.

(1.3)에 의거하여 다음을 알 수 있다.

---

1) 이 사상은 [43]에서 처음으로 제시되었는데 후지모리 교수 왈 요시다 교수가 처음 이 사상을 제안하였다고 한다.

정의 8.2.1. $V, W \in T_p\mathbb{S}^3_1(1) \subset Herm(2, C)$에 대하여

$$V \times_{\mathbb{S}^3_1(1)} W := p \wedge V \wedge W.$$

따름정리 8.2.1. $V, W \in T_p\mathbb{S}^3_1(1) \subset Herm(2, C)$에 대하여

$$V \times_{\mathbb{S}^3_1(1)} W = \frac{i}{2}(Vp^{-1}W - Wp^{-1}V).$$

증명. (1.4)로부터 따라 나온다. ■

e_3를 $\mathbb{S}^3_1(1)$의 한 점으로 보았을 때 $T_{e_3}\mathbb{S}^3_1(1)$은 e_0, e_1, e_2의 선형 결합들로 이루어진다. 이 때 다음이 얻어진다.

$$e_1 \times_{\mathbb{S}^3_1(1)} e_2 = -e_0, \quad e_2 \times_{\mathbb{S}^3_1(1)} e_0 = e_1, \quad e_0 \times_{\mathbb{S}^3_1(1)} e_1 = e_2.$$

이 때문에 공간적 곡면 X의 단위 법벡터 N은 다음과 같이 정한다.

$$N := -\frac{X_u \times_{\mathbb{S}^3_1(1)} X_v}{\sqrt{EG - F^2}}.$$

$-$ 부호가 있음에 주목하라.

예 8.2.1. $\theta, \phi \in \mathbb{R}$ 일 때

$$X = \begin{pmatrix} \sinh\phi & e^{i\theta}\cosh\phi \\ e^{-i\theta}\cosh\phi & \sinh\phi \end{pmatrix}$$

에 대하여 X는 $\mathbb{S}^3_1(1)$의 곡면임을 보여라. 위 정의에 따라 $X_u \times X_v$를 계산하여라. 그것이 X, X_u, X_v 모두에 수직임을 보여라.

한편 다음이 성립한다.

$$\begin{aligned}(a^0e_0 + a^1e_1 + a^2e_2)&e_3(a^0e_0 + a^1e_1 + a^2e_2) \\ &= -(-(a^0)^2 + (a^1)^2 + (a^2)^2)e_3. \quad (8.1)\end{aligned}$$

8.3 브라이언트 표현 공식

$$X : \mathcal{U} \subset \mathbb{R}^2 \to \mathbb{S}^3_1(1) \subset \mathcal{Herm}(2, \mathbb{C})$$

가 공간적이면서 공형이라고 하자. 그러면

$$0 = \langle X_z, X_z \rangle = -\det X_z.$$

한편 이 역도 성립한다.

이제 다음을 살펴보자. $\langle X_v, X_u \rangle = 0$을 v에 대하여 미분하면 다음을 얻는다.

$$\begin{aligned}\langle X_{vv}, X_u \rangle &= -\langle X_v, X_{vu} \rangle = -\frac{1}{2}\langle X_v, X_v \rangle_u \\ &= -\frac{1}{2}\langle X_u, X_u \rangle_u = -\langle X_{uu}, X_u \rangle.\end{aligned}$$

따라서 $\langle X_{uu} + X_{vv}, X_u \rangle = 0$. 마찬가지로 $\langle X_{uu} + X_{vv}, X_v \rangle = 0$. 그러므로 $X_{uu} + X_{vv}$는 곡면에 수직이다. 따라서 어떤 함수 a, b에 대하여

$$X_{uu} + X_{vv} = aX + bN.$$

이제 $\langle X_z, X \rangle = 0$을 $\bar{z}$에 대하여 미분한 것으로부터 다음을 얻는다.

$$\begin{aligned}\langle X_{z\bar{z}}, X \rangle &= -\langle X_z, X_{\bar{z}} \rangle = -\frac{1}{4}\langle X_u - iX_v, X_u + iX_v \rangle \\ &= -\frac{1}{4}(E + iF - iF + G) = -\frac{1}{2}E.\end{aligned}$$

따라서[2)]

$$a = \langle X_{uu} + X_{vv}, X \rangle = 4\langle X_{z\bar{z}}, X \rangle = -2E.$$

2) $X \in H^3 \Rightarrow \langle X, X \rangle = -1$, $X \in \mathbb{S}^3_1(1) \Rightarrow \langle X, X \rangle = 1$.

한편,

$$\begin{aligned} H &= \frac{1}{2}\frac{En - 2Fm + G\ell}{EG - F^2} = \frac{n+\ell}{2E} \\ &= \frac{\langle X_{uu} + X_{vv}, N\rangle}{2E} = \frac{\langle aX + bN, N\rangle}{2E} = -\frac{b}{2E}. \end{aligned}$$

따라서

$$4X_{z\bar{z}} = X_{uu} + X_{vv} = -2EX - 2EHN.$$

그런데 이 때 다음이 성립한다.

소정리 8.3.1.

$$N = -\frac{2}{E}X_z X^{-1} X_{\bar{z}} - X.$$

증명. 앞 절의 (8.1)에 의하면

$$\begin{aligned} (X_u X^{-1})^2 e_3 &= (X_u X^{-1} e_3) e_3 (X_u X^{-1} e_3) \\ &= -|X_u X^{-1} e_3|^2 e_3 = -|X_u|^2 e_3 = -Ee_3. \end{aligned}$$

따라서 $(X_u X^{-1})^2 = -Ee_0$. 마찬가지로

$$(X_v X^{-1})^2 = -Ee_0.$$

따라서

$$\begin{aligned} &X_z X^{-1} X_{\bar{z}} X^{-1} \\ &\quad = \frac{1}{4}(X_u X^{-1} - iX_v X^{-1})(X_u X^{-1} + iX_v X^{-1}) \\ &\quad = -\frac{E}{2}e_0 + \frac{i}{4}(X_u X^{-1} X_v X^{-1} - X_v X^{-1} X_u X^{-1}). \end{aligned}$$

여기서[3)]

$$\begin{aligned}&\frac{i}{2}(X_uX^{-1}X_vX^{-1} - X_vX^{-1}X_uX^{-1})\\&\quad= \frac{i}{2}(X_uX^{-1}X_v - X_vX^{-1}X_u)X^{-1}\\&\quad= (X_u \times_{\mathbb{S}^3_1(1)} X_v)X^{-1}\\&\quad= -ENX^{-1}.\end{aligned}$$

이로부터 결론을 얻을 수 있다. ■

이로부터 다음을 얻을 수 있다.

$$\begin{aligned}4X_{z\bar{z}} &= -2EX + 2EH(2E^{-1}X_zX^{-1}X_{\bar{z}} + X)\\&= -2E(1-H)X + 4HX_zX^{-1}X_{\bar{z}}.\end{aligned}$$

따라서 만약 $H \equiv 1$이라고 하면

$$(X_zX^{-1})_{\bar{z}} = X_{z\bar{z}}X^{-1} - X_zX^{-1}X_{\bar{z}}X^{-1} = 0.$$

위의 역이 성립하는 것 또한 쉽게 보일 수 있다.

소정리 8.3.2. X가 공형이라고 하자. 그러면

$$H \equiv 1 \Longleftrightarrow (X_zX^{-1})_{\bar{z}} = 0.$$

이를 $\mathbb{E}^3$이나 $\mathbb{L}^3$의 엔네퍼-바이에르스트라스 표현식과 비교하면 다음을 얻을 수 있다.

소정리 8.3.3. 만약 $X : \mathcal{U} \subset \mathbb{C} \to \mathbb{S}^3_1(1) \subset \mathcal{H}erm(2,\mathbb{C})$가 다음을 만족시킨다고 하자.

$$\det(X_zX^{-1}) = 0, \qquad (X_zX^{-1})_{\bar{z}} = 0.$$

---

3) 여기서 $N \neq X_u \times_{\mathbb{S}^3_1(1)} X_v/E$임에 주목한다. 사실 $N = -X_u \times_{\mathbb{S}^3_1(1)} X_v/E$. 이는 $e_1 \times_{\mathbb{S}^3_1(1)} e_2 = -e_0$이기 때문이다.

그러면 X는 항등평균곡률 1을 가진다.

이 소정리로부터 다음을 얻는다.

소정리 8.3.4. 함수 $F : \mathcal{U} \subset \mathbb{C} \to \mathbf{SL}(2, \mathbb{C})$가 다음을 만족시킨다고 하자.

1. $F_{\bar{z}} = 0$,
2. $\det(F_z F^{-1}) = 0$.

그러면 $X := F e_3 F^\star : \mathcal{U} \subset \mathbb{C} \to \mathbb{S}^3_1(1) \subset \mathcal{Herm}(2, \mathbb{C})$는 항등평균곡률 1을 가진다.

증명. $X := F e_3 F^\star$로부터

$$X_z X^{-1} = (F_z e_3 F^\star)(F^\star)^{-1} e_3^{-1} F^{-1} = F_z F^{-1}.$$

위 조건 1로부터 $X_z X^{-1} = F_z F^{-1}$. 그러면 위 조건 2로부터 $\det(X_z X^{-1}) = 0$. 한편 조건 1로부터 $(X_z X^{-1})_{\bar{z}} = 0$. 따라서 결론이 성립한다. ■

소정리 8.3.5. 소정리 8.3.4의 1, 2를 만족시키는 $F : \mathcal{U} \subset \mathbb{C} \to \mathbf{SL}(2, \mathbb{C})$에 대하여 어떤 유리형함수 G와 정칙 1-형식 Ω에 대하여 다음이 성립한다.

$$dFF^{-1} = \begin{pmatrix} G & -G^2 \\ 1 & -G \end{pmatrix} \Omega. \tag{8.2}$$

역으로 임의의 유리형함수 G와 임의의 정칙 1-형식 Ω에 대하여 F가 (8.2)를 만족시킨다고 하자. 그러면 F는 $\mathbf{SL}(2, \mathbb{C})$ 값을 가지고 1, 2를 만족시키며, 따라서 $X := F e_3 F^\star$는 항등평균곡률 1을 가진다.

$\mathbb{H}^3(-1)$의 경우와 마찬가지로 G는 쌍곡 가우스 사상이라고 불리운다.

소정리 8.3.6. 주어진 공간적 항등평균 곡률 *1* 곡면에 대하여 곡면의 식이 $Fe_3F^\star$가 되는 정칙이며 빈 F가 있다.

풀이. 먼저 공형좌표는 반드시 존재하는데 그걸 X라고 하자. 공형성으로부터 $\det(X_zX^{-1}) = 0$임을 알 수 있다. 그리고 항등평균곡률 1을 가지고 있기 때문에 X_zX^{-1}은 정칙이다. 한편 $X = \begin{pmatrix} x_0 + x_3 & x_1 + ix_2 \\ x_1 - ix_2 & x_0 - x_3 \end{pmatrix}$임과 $\det X = x_0^2 - x_1^2 - x_2^2 - x_3^2 = -1$을 이용하면

$$\mathrm{tr}(X'X^{-1}) = 2(x_0x_0' - x_1x_1' - x_2x_2' - x_3x_3') = \det X' = 0.$$

한편 스핀 구조에 의하여, 모든 $z \in \mathcal{U}$에 대하여 $X(z) = G(z)e_3G^\star(z)$인 G가 존재한다. 이제 다음 미분 방정식계를 생각하자. 단 z_0는 $\mathcal{U}$의 한 점이다.

$$F_zF^{-1} = X_zX^{-1}, \qquad F(z_0) = G(z_0).$$

일반적 미분방정식론에 의하여 이를 만족시키는 정칙함수 $F : \mathcal{U} \to \mathbf{SL}(2, \mathbb{C})$가 존재한다. 이제

$$Y := Fe_3F^\star$$

라고 하자. 이제 $Y^{-1}X$에 대하여 다음을 알 수 있다.

$$\begin{aligned} &(Y^{-1}X)_z = -Y^{-1}(Y_zY^{-1} - X_zX^{-1})X = 0, \\ &Y^{-1}(z_0)X(z_0) = I_2. \end{aligned}$$

따라서, 모든 $z \in \mathcal{U}$에 대하여 $Y^{-1}(z)X(z) = I_2$, 즉 $Y(z) = X(z)$임을 알 수 있다. ■

8.4 바이에르스트라스 자료로 알아보는 곡면의 기본 성질

먼저 법벡터를 나타내 보자. $X := Fe_3F^\star$는 e_3을 F로 이동시킨 것이다. 이제 e_0, e_1, e_2, e_3은 단위직교기저이므로 $Fe_0F^\star$, $Fe_1F^\star$, $Fe_2F^\star$은 $T_X\mathbb{S}^3_1(1)$의 기저가 된다. 그런데 이는 곡면 X에 적응되지는 않았다.

이 때 $h \in \mathbf{SU}(1,1)$에 대하여 $he_0h^\star$, $he_1h^\star$, $he_2h^\star, he_3h^\star$는 여전히 단위직교기저다. 그런데 이를 다시 F로 보낸

$$Fhe_0h^\star F^\star, Fhe_1h^\star F^\star, Fhe_2h^\star F^\star, Fhe_3h^\star F^\star$$

는 단위직교기저다. 이 때 $Fhe_3h^\star F^\star = X$이므로 나머지는 $T_X\mathbb{S}^3_1(1)$의 단위직교기저다. 이 때 이것이 곡면에 적응된 기저이기를 원한다. 특히 $Fhe_0h^\star F^\star$가 곡면에 수직이기를 원한다. 그러면 다음 식이 성립하기를 원하는 것과 동치다.

$$\begin{aligned}
0 &= \langle Fhe_0h^\star F^\star, (Fe_3F^\star)_z\rangle \\
&= \langle Fhe_0h^\star F^\star, F_ze_3F^\star\rangle \\
&= \frac{1}{2}\Big(-\det(Fhe_0h^\star F^\star + F_ze_3F^\star) \\
&\qquad\qquad + \det(Fhe_0h^\star F^\star) + \det(F_ze_3F^\star)\Big) \\
&= \frac{1}{2}\left(-\det(he_0h^\star + F^{-1}F_ze_3) + \det(he_0h^\star)\right).
\end{aligned}$$

이 때

$$h = \begin{pmatrix} \alpha & \bar\beta \\ \beta & \bar\alpha \end{pmatrix}, \quad \alpha\bar\alpha - \beta\bar\beta = 1, \quad F^{-1}F_z = \begin{pmatrix} pq & -p^2 \\ q^2 & -p^2 \end{pmatrix} \tag{8.3}$$

라고 하면 $he_3h^\star = e_3$, $\det(he_0h^\star) = 1$,

$$\det(he_0h^\star + F^{-1}F_ze_3) = 1 - 2(\alpha q - \beta p)(\bar\alpha p + \bar\beta q).$$

따라서 위 방정식의 해는 다음과 같이 주어진다. 어떤 ϕ 또는 ψ에

대하여

$$\frac{\alpha}{p} = \frac{\beta}{q} = \phi, \quad \text{또는} \quad \frac{\alpha}{\bar{q}} = \frac{\beta}{-\bar{p}} = \psi.$$

여기서

$$\alpha = p\phi, \quad \beta q\phi$$

라고 하면

$$h = \begin{pmatrix} p\phi & \bar{q}\bar{\phi} \\ q\phi & \bar{p}\bar{\phi} \end{pmatrix} = \begin{pmatrix} p & \bar{q} \\ q & \bar{p} \end{pmatrix} \begin{pmatrix} \phi & 0 \\ 0 & \bar{\phi} \end{pmatrix}. \tag{8.4}$$

$\det h = 1$이기 때문에 $(p\bar{p} - q\bar{q})\phi\bar{\phi} = 1$. 이 때

$$he_0h^\star = \begin{pmatrix} p\bar{p} + q\bar{q} & 2p\bar{q} \\ 2\bar{p}q & p\bar{p} + q\bar{q} \end{pmatrix} \phi\bar{\phi} = \begin{pmatrix} \frac{p\bar{p}+q\bar{q}}{p\bar{p}-q\bar{q}} & \frac{2p\bar{q}}{p\bar{p}-q\bar{q}} \\ \frac{2\bar{p}q}{p\bar{p}-q\bar{q}} & \frac{p\bar{p}+q\bar{q}}{p\bar{p}-q\bar{q}}. \end{pmatrix}.$$

이제 $g := p/q$라 하면

$$he_0h^\star = \begin{pmatrix} \frac{g\bar{g}+1}{g\bar{g}-1} & \frac{2g}{g\bar{g}-1} \\ \frac{2\bar{g}}{g\bar{g}-1} & \frac{g\bar{g}+1}{g\bar{g}-1} \end{pmatrix}.$$

세 벡터장

$$(Fh)e_0(Fh)^*, \quad (Fh)e_1(Fh)^*, \quad (Fh)e_2(Fh)^*$$

은 곡면 X의 적응된 움직이는 틀장이다.

$\mathbb{S}^3_1(1)$의 항등평균곡률 1 곡면론은 $\mathbb{H}^3(-1)$의 항등평균곡률 1 곡면론과 일맥상통하는 부분이 있지만 여기 저기서 조금씩 달라지는 부분이 있다.

정의 8.4.1. $\mathbb{S}^3_1(1)$의 공간적 공형곡면 X에 대해서도

$$Q := -\langle X_z, N_z\rangle dz^2$$

를 호프 미분 형식이라 한다.

소정리 8.4.1 ([47] 참조). 공형이면서 항등평균곡률 *1*을 가지는 공

간적 곡면 X의 첫째, 둘째 기본 형식을 각각 I, II라 할 때 다음이 성립한다.

$$I = (1 - g\bar{g})\omega\bar{\omega}, \quad II = Q + \bar{Q} + I. \tag{8.5}$$

쌍곡 공간의 경우와 어떻게 다른지 비교하여 보라.

증명. 일단 첫째 기본 형식은 다음과 같이 계산할 수 있다.

$$\begin{aligned}
I &= \langle dX, dX\rangle = -\det(dX) = -\det(d(Fe_3F^\star)) \\
&= -\det((dF)e_3F^\star + Fe_3(dF)^\star) = -\det(F^{-1}dFe_3 + (F^{-1}dFe_3)^\star) \\
&= -\det\left(\begin{pmatrix} g & g^2 \\ 1 & g\end{pmatrix}\omega + \begin{pmatrix} \bar{g} & 1 \\ \bar{g}^2 & \bar{g}\end{pmatrix}\bar{\omega}\right) \\
&= (1 - g\bar{g})\omega\bar{\omega}.
\end{aligned}$$

둘째 기본 형식에 대해선 다음과 같이 알아볼 수 있다.

$$\begin{aligned}
-II = \langle dX, dN\rangle &= \langle X_z dz + X_{\bar{z}} d\bar{z}, N_z dz + N_{\bar{z}} d\bar{z}\rangle \\
&= \langle X_z, N_z\rangle dz^2 + \langle X_{\bar{z}}, N_{\bar{z}}\rangle d\bar{z}^2 \\
&\qquad + (\langle X_z, N_{\bar{z}}\rangle + \langle X_{\bar{z}}, N_z\rangle) dz d\bar{z}
\end{aligned}$$

여기서 $\langle X_{\bar{z}}, N_z\rangle = \overline{\langle X_z, N_{\bar{z}}\rangle}$, 그리고

$$\begin{aligned}
4\langle X_z, N_{\bar{z}}\rangle &= \langle X_u - iX_v, N_u + iN_v\rangle \\
&= \langle X_u, N_u\rangle + \langle X_v, N_v\rangle + i(\langle X_u, N_v\rangle - \langle X_v, N_u\rangle)
\end{aligned}$$

여기서[4)]

$$\begin{aligned}
\langle X_u, N_v\rangle - \langle X_v, N_u\rangle &= -\langle X_{uv}, N\rangle + \langle X_{vu}, N\rangle = 0, \\
\langle X_u, N_u\rangle + \langle X_v, N_v\rangle &= -\langle X_{uu} + X_{vv}, N\rangle \\
&= \langle 2EX + 2EHN, N\rangle = -2E.
\end{aligned}$$

4) 다음 식에서 마지막 두 등호 사이에 있는 표현의 부호가 쌍곡 공간의 경우와 반대임에 주목하라.

따라서 $\langle X_z, N_{\bar{z}}\rangle = -E/2$. 그러므로 결론이 성립한다. ■

소정리 8.4.2. 정칙이며 빈 함수 F로 주어지는 곡면 $X := FF^\star$에 대하여

$$Q = \omega dg.$$

증명. X와 N은 서로 수직이므로 $\langle X_z, N\rangle = 0$. 따라서 $\langle X_z, N_z\rangle = -\langle X_{zz}, N\rangle$. 이 때

$$N = Fhe_0h^\star F^\star, \qquad he_0h^\star = \frac{1}{g\bar{g}-1}\begin{pmatrix} g\bar{g}+1 & 2g \\ 2\bar{g} & g\bar{g}+1 \end{pmatrix}$$

임을 앞에서 살펴 보았다. 한편 $X = Fe_3F^\star$이므로 $X_{zz} = F_{zz}e_3F^\star$. 따라서

$$\langle X_{zz}, N\rangle = \langle F_{zz}e_3F^\star, Fhe_0h^\star F^\star\rangle = \langle F^{-1}F_{zz}e_3, he_0h^\star\rangle.$$

이 때

$$(F^{-1}F_z)_z = (F^{-1})_zF_z + F^{-1}F_{zz} = -F^{-1}F_zF^{-1}F_z + F^{-1}F_{zz}$$

인데 계산해 보면 $(F^{-1}F_z)^2 = 0$이다. 따라서.

$$F^{-1}F_{zz}e_3 = (F^{-1}F_z)_ze_3 = \begin{pmatrix} g & g^2 \\ 1 & g \end{pmatrix}_z \omega + \begin{pmatrix} g & g^2 \\ 1 & g \end{pmatrix}\omega_z.$$

이 때 오른쪽의 두 번째 항과 $he_0h^\star$의 내적이 0인 것은 직접 계산으로 알 수 있다. 따라서

$$\langle X_{zz}, N\rangle = \left\langle \begin{pmatrix} 1 & 2g \\ 0 & 1 \end{pmatrix}, \begin{pmatrix} g\bar{g}+1 & 2g \\ 2\bar{g} & g\bar{g}+1 \end{pmatrix} \right\rangle \frac{\omega g_z}{g\bar{g}-1}.$$

이제 식 (1.2)로부터 결론이 나온다. ■

다음은 여전히 성립한다.

소정리 8.4.3.

$$dFF^{-1} = \begin{pmatrix} G & -G^2 \\ 1 & -G \end{pmatrix} \frac{Q}{dG}.$$

$\mathbb{H}^3(-1)$에서와 마찬가지로 여전히 $F^{-1}(F^{-1})^\star$ 또한 항등평균곡률 1 곡면이며 이를 $FF^\star$의 쌍대곡 면이라 한다. 주어진 공형 곡면 X에 대하여 쌍곡 가우스 사상 G와 호프 미분 형식 Q는 유일하다. 그러나 g는 유일하지 않다.

8.5 항등평균곡률 1 곡면의 예

쌍곡 공간의 항등평균곡률 1 곡면을 살펴볼 때 다루었던 정칙이며 빈 함수 F들이 있는데 그 F에 대하여 $Fe_3F^\star$는 $\mathbb{S}^3_1(1)$의 항등평균곡률 곡면이 될 것이라고 쉽게 짐작할 수 있다.

그러나 여기에는 조심할 점이 있다. 이미 $\mathbb{E}^3$의 극소곡면을 주는 바이에르스트라스 자료를 가지고 $\mathbb{L}^3$의 극대곡면을 만들 때 발생하는 현상을 살펴보았지만 첫 째 주기 문제가 발생할 수 있으며 둘째 특이점이 발생할 수 있다.

8.5.1 타원형, 쌍곡형, 포물형 회전면

(7.20)의 F에 대하여 $\nu \in (0,1) \cup (1,\infty)$일 때 $FF^\star = Fe_0F^\star$는 쌍곡공간에서 타원회전에 불변인 곡면이다. 그런데 이 F에 대하여

$$Fe_3F^\star$$

는 $\mathbb{S}^3_1(1)$에서도 여전히 타원형 회전 곡면임을 알 수 있다.[5] 이는 기본적으로 $z = e^{s+it}$라 하면

$$D(z^{-\nu/2})e_3D(z^{-\nu/2})^\star = \begin{pmatrix} e^{-\nu s} & 0 \\ 0 & -e^{\nu s} \end{pmatrix}$$

이여서 여전히 s에만 의존하고 t에는 의존하지 않는 s의 곡선이기 때문이다. 소정리 7.8.2의 증명을 참조하라.

이제 쌍곡 회전에 대하여 불변인 곡면에 대하여 알아보자. (7.20)의 F에 대하여 $\nu = i\delta$, $\delta \in (0, \infty)$일 때 $FF^\star = Fe_0F^\star$는 쌍곡공간에서 쌍곡 회전에 불변인 곡면이다. 그런데 이 F에 대하여

$$Fe_3F^\star$$

는 $\mathbb{S}^3_1(1)$에서도 여전히 쌍곡형 회전 곡면임을 알 수 있다. 이는 기본적으로 $z = e^{s+it}$라 하면

$$D(z^{-\nu/2})e_3D(z^{-\nu/2})^\star = \begin{pmatrix} e^{\delta t} & 0 \\ 0 & -e^{-\delta t} \end{pmatrix}$$

이여서 여전히 t에만 의존하고 s에는 의존하지 않는 t만의 함수이기 때문이다. 소정리 7.8.3의 증명을 참조하라.

이제 포물 회전에 대하여 불변인 곡면에 대하여 알아보자. (7.26)의 F를 생각하라. 이러면 $\beta \in \mathbb{R} \setminus \{0\}$, $z = e^{s+it}$일 때

$$D(e^{i\beta(s+it)})e_3D(e^{i\beta(s+it)})^\star = \begin{pmatrix} e^{-2\beta t} & 0 \\ 0 & -e^{2\beta t} \end{pmatrix}$$

이므로 이는 여전히 s에는 의존하지 않는 t만의 함수이며 따라서

$$r(t) := D(e^{i\beta(s+it)})e_3D(e^{i\beta(s+it)})^\star$$

---

5) 그림 E.1a, E.1b

라고 하면

$$F(z)F(z)^\star = \begin{pmatrix} 1 & s \\ 0 & 1 \end{pmatrix} \gamma(v) \begin{pmatrix} 1 & s \\ 0 & 1 \end{pmatrix}^\star,$$

$$\gamma(v) := \begin{pmatrix} 1 & it \\ 0 & 1 \end{pmatrix} D(\beta^{-1/2}) B r(t) B^\star D(\beta^{-1/2})^\star \begin{pmatrix} 1 & it \\ 0 & 1 \end{pmatrix}^\star.$$

따라서 임의의 $\beta \in \mathbb{R} \setminus \{0\}$에 대하여 $F(z)F(z)^\star$는 포물 회전에 불변이다. 소정리 7.8.3의 증명을 참조하라.

8.5.2 타원형, 쌍곡형, 포물형 회전면의 수반곡면들

§ 7.9.3, § 7.9.4, § 7.9.5에서 쌍곡 공간의 항등평균곡률 1 타원형, 쌍곡형, 포물형 회전면의 수반곡면들을 나타낼 때 사용하였던 F를 생각하라. 그 F에 대하여 $FF^\star = Fe_0F^\star$ 대신에 $Fe_3F^\star$를 생각하라. 이러면 § 7.9.3, § 7.9.4, § 7.9.5에서 살펴보던 바 그대로 이 함수의 모양을 잘 살펴보면 어떤 곡선을 나선운동으로 움직인 것이라는 것을 알 수 있다.

8.6 쌍곡 가우스 사상의 기하적 의미

주어진 정칙함수 $F : \mathcal{U} \subset \mathbb{C} \to \mathbf{SL}(2,\mathbb{C})$에 대하여 다음이 성립한다고 하자.

$$F^{-1}dF = \begin{pmatrix} g & -g^2 \\ 1 & -g \end{pmatrix} \omega.$$

이 $g = \frac{(F^{-1}dF)_{11}}{(F^{-1}dF)_{21}} = \frac{(F^{-1}dF)_{12}}{(F^{-1}dF)_{22}}$는 두 번째 가우스 사상이라고 한다. 주어진 항등평균곡률 1 곡면에 대하여 두 번째 가우스 사상 g는 유일하지 않다. 항등평균곡률 1 곡면 Fe_3F^*는 임의의

$R = \begin{pmatrix} p & \bar{q} \\ q & \bar{p} \end{pmatrix} \in \mathbf{SU}(1,1)$에 대하여 $(FR)e_3(FR)^*$과 같은데 FR에 해당하는 두 번째 가우스 사상은

$$g_R = \frac{(RF^{-1}dFR^{-1})_{12}}{(RF^{-1}dFR^{-1})_{22}} = \frac{\bar{p}g - \bar{q}}{-qg + p} = \begin{pmatrix} \bar{p} & -\bar{q} \\ -q & p \end{pmatrix} \star g.$$

즉 $g_R = R^{-1} \star g$. 여기서 $g \mapsto g_R$는 단위 원반의 공형 자기동형사상임에 주목하라. 따라서 $|g| < 1 \Leftrightarrow |g_R| < 1$. 한편, 곡면 Fe_3F^*의 쌍곡 가우스 사상 G는 항등평균곡률 1 곡면에 대하여 유일하다. F의 두 번째 가우스 사상 g는 사실 쌍대 항등평균곡률 1 곡면 $F^{-1}e_3(F^{-1})^*$의 쌍곡 가우스 사상 $G^\#$이다.

가우스 사상에 대하여 좀더 알아 보자. § 8.4에서 곡면에 적응된 틀장이 어떻게 주어지는지 알아보았는데 그 결과에 의하면 $(Fh)e_0(Fh)^\star$가 곡면에 수직인 단위벡터장이 된다. 한편 다음이 성립한다.

소정리 8.6.1. Fhh^*F^*는 $|g| > 1$이면 미래를, $|g| < 1$이면 과거를 가리킨다.

증명. $F = \begin{pmatrix} f_1 & f_2 \\ f_3 & f_4 \end{pmatrix}$라고 하면 간단한 계산에 의하여 다음을 알 수 있다.

$$(Fhh^*F^*)_{11} = \frac{|f_1g + f_2|^2 + |f_1 + f_2\bar{g}|^2}{|g|^2 - 1},$$
$$(Fhh^*F^*)_{22} = \frac{|f_3g + f_4|^2 + |f_3 + f_4\bar{g}|^2}{|g|^2 - 1}.$$

이로부터 주장이 따라 나온다. ■

여기서 다음을 알 수 있다.

$$\begin{aligned} X+N &= Fe_3F^\star + Fhh^\star F^\star \\ &= F(e_3+hh^\star)F^\star \\ &= \frac{2}{g\bar{g}-1}F\begin{pmatrix} g \\ 1 \end{pmatrix}\left(F\begin{pmatrix} g \\ 1 \end{pmatrix}\right)^\star. \end{aligned}$$

이제 $g=\frac{p}{q}$, 단 $p\bar{p}-q\bar{q}=1$이라고 하면

$$X+N = 2F\begin{pmatrix} p \\ q \end{pmatrix}\left(F\begin{pmatrix} p \\ q \end{pmatrix}\right)^\star.$$

따라서

$$F\begin{pmatrix} p \\ q \end{pmatrix} = \begin{pmatrix} A \\ B \end{pmatrix}$$

라고 하면

$$X+N = 2\begin{pmatrix} A\bar{A} & A\bar{B} \\ B\bar{A} & B\bar{B} \end{pmatrix}.$$

따라서

$$\pi(X+N) = \frac{x_0+x_3}{x_1-ix_2} = \frac{A}{B}.$$

따라서 이 점에 해당하는 구면의 점을 중심사영으로 복소평면으로 보낸 점은

$$\frac{A\bar{A}}{B\bar{A}} = \frac{A}{B} = \frac{F_{11}q+F_{12}p}{F_{21}q+F_{22}p}.$$

이게 $\frac{dF_{11}}{dF_{21}} = G$임은 식 (7.5)로부터 따라 나온다.

이 절의 내용을 좀 더 공부하고 싶으면 [44], [45], [46], [47], [18], [36], [48], [68] 등을 참고하라.

제 9 장

3차원 광원뿔 공간의 항등평균곡률 0 곡면론

9.1 광원뿔 공간이란?

정의 9.1.1. 다음과 같이 정의된 집합 $\mathbb{Q}^3_+$ 를 광원뿔 공간이라 한다.

$$\begin{aligned}\mathbb{Q}^3 &:= \{X \in \mathbb{L}^4 : \langle X, X\rangle = 0\}\\ &= \{X \in \mathcal{H}erm(2,\mathbb{C}) : \det X = 0\},\\ \mathbb{Q}^3_+ &:= \{X \in \mathcal{H}erm(2,\mathbb{C}) : \det X = 0, \operatorname{tr} X > 0\}.\end{aligned}$$

$\mathbb{Q}^3_+$ 는 입체사영 $(x_0, x_1, x_2, x_3) \mapsto \left(\frac{x_1}{1+x_0}, \frac{x_2}{1+x_0}, \frac{x_3}{1+x_0}\right)$ 을 통하여 중심이 빠진 공 $B^3_\circ := \{(x,y,z) \in \mathbb{R}^3 : 0 < x^2 + y^2 + z^2 < 1\}$과 일대일 대응된다.

예 9.1.1. $\mathbb{Q}^3_+ \cap \{x_0 = 1\}$, $\mathbb{Q}^3_+ \cap \{x_0 + x_3 = 1\}$, $\mathbb{Q}^3_+ \cap \{x_3 = 1\}$을 $B^3_\circ$에 그려 보아라.

이 공간의 곡면을 들여다 볼 때는 (1.1)에 주어진 표준 기저 e_0, e_1, e_2, e_3보다는 (6.1)에 주어진 (6.3)을 만족시키는 표준 점근적 기저 f_0, f_1, f_2, f_3을 이용하는 것이 좋다.

나중에 보게 되겠지만 우리는 어떤 $F : \mathcal{U} \subset \mathbb{C} \to \mathbf{SL}(2,\mathbb{C})$에 대하여

$$X := F f_0 F^\star = F \begin{pmatrix} 0 & 0 \\ 0 & a_0 \end{pmatrix} F^\star \tag{9.1}$$

로 주어지는 곡면에 대하여 관심이 있다. 이런 곡면은 당연히 $\det X = 0$을 만족시킨다. 그런데 $F = \begin{pmatrix} A & B \\ C & D \end{pmatrix}$면

$$\operatorname{tr}(F f_0 F^\star) = a_0(A\bar{A} + C\bar{C})$$

이므로 이런 곡면은

$$a_0 > 0 \tag{9.2}$$

일 때 $\operatorname{tr} X > 0$을 만족시킨다.

참고 9.1.1. 쌍곡공간 $\mathbb{H}^3(-c^2)$과 더시터르 공간 $\mathbb{S}_1^3(c^2)$의 항등평균곡률 c 곡면에 대해서도 바이에르스트라스 표현식이 있다. *[9], [11], [26], [24]* 등을 보라. c가 *0*에 가까이 감에 따라 $\mathbb{H}^3(-c^2)$과 $\mathbb{S}_1^3(c^2)$ 둘다 $\mathbb{Q}_+^3$로 간다. 따라서 $\mathbb{Q}_+^3$의 항등평균곡률 *0* 곡면에 대해서도 바이에르스트라스 표현식이 있음을 짐작할 수 있다. 사실 리우는 *[21]*에서 적분을 사용하지 않은, 복소 함수 하나와 해석적 복소 함수 하나로 항등평균곡률 *0* 곡면을 표현하는 식이 있음을 보였다. 펨버는 *[24]*에서 주어진 유리 함수 g와 정칙 *1*-형식 ω에 대하여 $F^{-1}dF = \begin{pmatrix} g & -g^2 \\ 1 & -g \end{pmatrix} \omega$을 만족시키는 F에 대하여 $X = F f_0 F^\star$는 $\mathbb{Q}^3$에서 내재적으로 평평하다는 것을 보였다.

9.2 곡면론

이 절의 내용은 리우의 논문[20]에 있는 걸 차용하였다.

먼저 곡면의 가우스 사상에 대하여 알아보자.

정의 9.2.1 ([20]). $\mathbb{Q}_+^3$의 곡면 $X : \mathcal{U} \subset \mathbb{R}^2 \to \mathbb{Q}_+^3 \subset \mathcal{Herm}(2, \mathbb{C})$의 가우스 사상은 다음을 만족시키는 사상 $N : \mathcal{U} \subset \mathbb{R}^2 \to \mathcal{Herm}(2, \mathbb{C})$를 말한다.

$$\langle N, N \rangle = \langle N, X_u \rangle = \langle N, X_v \rangle = 0, \quad \langle N, X \rangle = 1.$$

이 성질은 N를 완전히 결정한다. [22]를 보라. 이 정의와 $\mathbb{I}^3$에 있는 곡면의 가우스 사상을 비교해 보면 둘은 사실 같은 성질을 만족시키고 있다는 것을 알 수 있다. 이 가우스 사상의 특징은 $T_X\mathbb{Q}_+^3$에 있지 않다는 것이다.

1)

이를 이용하여 첫째 기본 형식과 둘째 기본 형식을 정의하자.

$$E := \langle X_u, X_u\rangle, \quad F := \langle X_u, X_v\rangle, \quad G := \langle X_v, X_v\rangle, \tag{9.3}$$

$$\ell := -\langle X_u, N_u\rangle, \quad m := -\langle X_u, N_v\rangle, \quad n := -\langle X_v, N_v\rangle. \tag{9.4}$$

$EG - F^2 > 0$인 곡면을 공간적 곡면이라 한다. 이로부터 가우스 곡률, 평균 곡률은 다음과 같이 정의된다.

$$K := \frac{\ell n - m^2}{EG - F^2}, \qquad H := \frac{1}{2}\frac{En - 2Fm + G\ell}{EG - F^2}. \tag{9.5}$$

[22]는 $H \equiv 0$인 곡면을 maximal (hyper)surface라고 불렀다.

$\mathbb{H}^3(-1)$이나 $\mathbb{S}^3_1(1)$의 곡면론과 비교하며 $\mathbb{Q}^3_+$의 곡면론을 살펴볼 때에 $X \in \mathbb{Q}^3_+$에 대해선 역행렬이 존재하지 않는다는 것이 큰 장애가 됨을 알 수 있다. 다행히 X^{-1}가 존재하지 않아도 이론을 전개해 나갈 수 있다.

[20]으로부터 몇 가지 사실을 알아 보자. $\mathbb{Q}^3$의 곡면 X의 한 공형 좌표 u, v를 생각하라. 편의상 $E = G = 2e^w$, $F = 0$이라고 하자. 이러면 곡면의 내재적 가우스 곡률을 κ라 할 때

$$\kappa = -2e^{-w} w_{z\bar{z}}.$$

한편

$$X, \quad (2e^w)^{-1/2}X_u, \quad (2e^w)^{-1/2}X_v, \quad N$$

1) I^3과 $\mathbb{Q}^3_+$의 곡면에 대하여 가우스 사상을 생각할 때는 외적을 이용하지 않는다. 오랜 시간 헤맨 경험으로 보건데 I^3, Q^3의 기하를 공부할 때는 접평면을 생각하는 게 아니라 접광뿔을 생각해야 하는 건가 하는 생각이 들고 있다. 그래서 두 벡터의 외적이 잘 정의되지 않는 건지도 모르겠다.

은 점근적 직교 틀장이 된다. 즉 다음이 성립한다.

	X	$(2e^w)^{-1/2}X_u$	$(2e^w)^{-1/2}X_v$	N
X	0	0	0	1
$(2e^w)^{-1/2}X_u$	0	1	0	0
$(2e^w)^{-1/2}X_v$	0	0	1	0
N	1	0	0	0

이제 $X, X_z, X_{\bar{z}}, N$ 사이에 다음 관계가 성립한다.

$$\langle X_z, X_z \rangle = 0, \qquad \langle X_z, X_{\bar{z}} \rangle = e^w.$$

위로부터 다음 곡면의 구조 방정식을 얻을 수 있다.

소정리 9.2.1. $\varphi := \langle X_{zz}, N \rangle, \lambda := \langle X_{z\bar{z}}, N \rangle$라 하면

$$X_{zz} = w_z X_z + \varphi X, \tag{9.6}$$

$$X_{z\bar{z}} = \lambda X - e^w N, \tag{9.7}$$

$$N_z = -\lambda e^{-w} X_z - \varphi e^{-w} X_{\bar{z}}. \tag{9.8}$$

이의 증명은, 각 식에서 좌변을 $aX + bX_z + cX_{\bar{z}} + dN$으로 놓고 $X, X_z, X_{\bar{z}}, N$과 내적을 하면서 관찰하면 알 수 있다.

이제 어울림 조건 $(X_{zz})_{\bar{z}} = (X_{z\bar{z}})_z$로부터 다음을 얻을 수 있다.

$$\lambda = -\frac{1}{2}e^w \kappa, \qquad \varphi_{\bar{z}} = -\frac{1}{2}e^w \kappa_z.$$

이로부터 다음이 나온다.

$$H = \lambda e^{-w} = -\frac{1}{2}\kappa.$$

이 식이 의미하는 것 중의 하나는 극소곡면은 내재적으로 평평하고 역으로 내재적으로 평평한 곡면은 극소곡면이라는 것이다. 따라서 다음이 성립한다.

소정리 9.2.2 ([49]). $z = u + iv$가 공형좌표라 할 때

$$X_{z\bar{z}} = \frac{1}{2}EHX - \frac{1}{2}EN. \tag{9.9}$$

따름정리 9.2.1. X가 공형이면

$$H \equiv 0 \quad \Longleftrightarrow \quad X_{z\bar{z}} = -\frac{1}{2}EN.$$

증명. 당연하다. ■

참고 9.2.1. $\mathbb{E}^3$, $\mathbb{L}^3$의 경우는 $X_{z\bar{z}} = 0$이었다.

9.3 엔네퍼 바이에르스트라스 표현식

공형 곡면 $X := \begin{pmatrix} A & B \\ C & D \end{pmatrix}$가 항등평균곡률 0을 가지고 있다 하자. 이 때 다음을 정의하자.

$$G := \frac{A'}{C'}, \qquad \Omega := \frac{(C')^2}{C'A - CA'}, \qquad \mathbf{\Omega} := \begin{pmatrix} G & -G^2 \\ 1 & -G \end{pmatrix} \Omega.$$

소정리 9.3.1. $\det \mathbf{\Omega} = \operatorname{tr} \mathbf{\Omega} = 0$,

$$X_z = \mathbf{\Omega} X.$$

증명. $\det \mathbf{\Omega} = \operatorname{tr} \mathbf{\Omega} = 0$,

$$\begin{pmatrix} A' \\ C' \end{pmatrix} = \begin{pmatrix} G\Omega & -G^2\Omega \\ \Omega & -G\Omega \end{pmatrix} \begin{pmatrix} A \\ C \end{pmatrix}$$

인 것은 당연하다.

$$\begin{pmatrix} B' \\ D' \end{pmatrix} = \begin{pmatrix} G\Omega & -G^2\Omega \\ \Omega & -G\Omega \end{pmatrix} \begin{pmatrix} B \\ D \end{pmatrix} \tag{9.10}$$

인 것을 보기 위해선 먼저

$$G = \frac{B'}{D'} =: G_2, \qquad \Omega = \frac{(D')^2}{D'B - DB'} =: \Omega_2$$

임을 살피자. 첫 번째 등식은 X가 공형이므로 $\det X' = 0$이어서 그렇다. 두 번째 식은 다음으로부터 나온다.

$$\begin{aligned}\Omega &= \frac{C'}{A - GC} = \frac{C'}{A - G_2 C} \\ &= \frac{C'}{A - (B'/D')C} = \frac{C'D'}{AD' - B'C'}, \\ \Omega_2 &= \frac{D'}{B - G_2 D} = \frac{D'}{B - GD} \\ &= \frac{D'}{B - (A'/C')D} = \frac{C'D'}{BC' - A'D}.\end{aligned}$$

이 때 $AD - BC = 0$을 미분하여 $AD' - B'C = BC' - A'D$. 따라서 $\Omega = \Omega_2$. 이제 G_2, Ω_2가 식 (9.10)을 만족시키는 것은 단순한 계산으로 알 수 있다. ■

자, 이제 이 $\mathbf{\Omega}$가 정칙임을 보이자. 먼저 다음을 보자.

소정리 9.3.2.

$$N = -\frac{2}{E}\mathbf{\Omega} X \mathbf{\Omega}^\star. \tag{9.11}$$

증명. $N_1 := -\frac{2}{E}\mathbf{\Omega} X \mathbf{\Omega}^\star$라고 할 때

$$\langle N_1, N_1 \rangle = \det N_1 = 0, \quad \langle N_1, X_z \rangle = 0$$

임은 쉽게 보일 수 있다. 두 번째 식은 다음으로부터 나온다.

$$\begin{aligned}
&\langle \mathbf{\Omega} X \mathbf{\Omega}^\star, X_z \rangle \\
&= \frac{1}{2}\left(-\det(\mathbf{\Omega} X \mathbf{\Omega}^\star + X_z) + \det \mathbf{\Omega} X \mathbf{\Omega}^\star + \det X_z\right) \\
&= -\frac{1}{2}\det(X_z \mathbf{\Omega}^\star + X_z) \\
&= -\frac{1}{2}\det(X_z(\mathbf{\Omega}^\star + e_0)).
\end{aligned}$$

나머지 조건 $\langle N_1, X\rangle = 1$은 다음과 같이 보인다. (9.9)와 $\langle X, X\rangle = 0$으로부터

$$\langle X_{z\bar{z}}, X\rangle = -\frac{E}{2}\langle N, X\rangle.$$

그런데 $\langle X_z, X\rangle = 0$을 $\bar{z}$로 미분하면

$$\begin{aligned}
\langle X_{z\bar{z}}, X\rangle &= -\langle X_z, X_{\bar{z}}\rangle = -\frac{1}{4}\langle X_u - iX_v, X_u + iX_v\rangle \\
&= -\frac{1}{4}(\langle X_u, X_u\rangle + \langle X_v, X_v\rangle) = -\frac{E}{2}.
\end{aligned}$$

이로부터 $\langle N_1, X\rangle = 1$을 알 수 있다. 따라서 $N_1 = N$. ■

이제

$$X_z = \mathbf{\Omega} X \tag{9.12}$$

로부터

$$X_{\bar{z}} = (X^\star)_{\bar{z}} = (X_z)^\star = (\mathbf{\Omega} X)^\star = X\mathbf{\Omega}^\star.$$

따라서

$$N = -\frac{2}{E}\mathbf{\Omega} X_{\bar{z}}.$$

이제 이를

$$X_{z\bar{z}} = -\frac{1}{2}EN$$

과 결합시키면 다음이 얻어진다.

$$X_{z\bar{z}} = \boldsymbol{\Omega} X_{\bar{z}}.$$

그런데 (9.12)를 $\bar{z}$에 대하여 미분하면

$$X_{z\bar{z}} = \boldsymbol{\Omega}_{\bar{z}} X + \boldsymbol{\Omega} X_{\bar{z}}.$$

이 두 식은 다음을 의미한다.

$$\boldsymbol{\Omega}_{\bar{z}} X = 0.$$

이로부터, 비록 $\det X = 0$이지만, 다음이 성립함을 알 수 있다.

소정리 9.3.3.

$$\boldsymbol{\Omega}_{\bar{z}} = 0.$$

즉 $\boldsymbol{\Omega}$는 정칙이다.

증명. 편의상 $_{\bar{z}}$를 $'$으로 나타내자. 그러면

$$\begin{pmatrix} (G\Omega)' & -(G^2\Omega)' \\ \Omega' & -(G\Omega)' \end{pmatrix} \begin{pmatrix} A & B \\ C & D \end{pmatrix} = \begin{pmatrix} 0 & 0 \\ 0 & 0 \end{pmatrix}.$$

이것의 (1,1) 성분, (2,1) 성분을 보면

$$(G\Omega)'A - (G^2\Omega)'C = 0, \quad \Omega' A - (G\Omega)'C = 0. \tag{9.13}$$

따라서

$$\frac{C}{A} = \frac{(G\Omega)'}{(G^2\Omega)'} = \frac{\Omega'}{(G\Omega)'}.$$

따라서 $((G\Omega)')^2 = \Omega'(G^2\Omega)'$. 양변을 전개하여 정리하면 $G'\Omega = 0$이 얻어진다. 여기서 $\Omega \neq 0$이면 $G' = G_{\bar{z}} = 0$. 즉 G는 복소가능하다. 이제 (9.13)의 두 번째 식에서 다음이 얻어진다.

$$\Omega'(A - GC) = 0.$$

$G \neq \frac{A}{C}$면 $\Omega' = \Omega_{\bar{z}} = 0$. 즉 Ω는 정칙이다. ■

이제 이 $\mathbf{\Omega}$에 대하여 F를 다음 미분방정식의 해라 하자.

$$F_z F^{-1} = \mathbf{\Omega}. \qquad \text{더하기 초기조건 하나.}$$

이 F에 대하여

$$Y(z) := F(z)\epsilon F(z)^\star$$

를 생각하자. 이제 이 Y가 원래 X와 같음을 보이기 위하여 다음을 살피자.

$$X_z = \mathbf{\Omega} X, \qquad Y_z = \mathbf{\Omega} Y.$$

그러므로

$$(Y - X)_z = \mathbf{\Omega}(Y - X), \qquad Y(z_0) - X(z_0) = 0.$$

이것의 해는 유일하게 존재하는데 $Y - X = 0$이 해이므로 결국 임의의 z에 대하여 $Y(z) - X(z) = 0$.

자, 이제 가장 핵심적인 사실을 알아보다.

정리 9.3.1. 임의의 리만 곡면 M의 임의의 유리형함수 G와 정칙 *1*-형식 Ω에 대하여, 만약 F가

$$dFF^{-1} = \begin{pmatrix} G & -G^2 \\ 1 & -G \end{pmatrix} \Omega =: \mathbf{\Omega}$$

를 만족시키면, (9.1)과 (9.2)를 만족시키는 $X = F f_0 F^\star$는 M의 범피복에서 $\mathbb{Q}^3+$로 가는 사상이다. 그리고 이것이 몰입[2)]일 때 X는 공형이고 항등평균곡률 *0*을 가진다.

증명. 국소좌표계 z에서 $F_z F^{-1} = \mathbf{\Omega}$라고 하자. 그러면

$$X_z = F_z f_0 F^* = F_z F^{-1} F f_0 F^* = \mathbf{\Omega} X.$$

2) immersion

따라서

$$\langle X_z, X_z \rangle = \langle \boldsymbol{\Omega} X, \boldsymbol{\Omega} X \rangle = -\det(\boldsymbol{\Omega} X) = 0.$$

그러므로 X는 공형이다. 이제 (9.9)에 의하면

$$H = -\frac{1}{2} e^{-2w} \langle X_{z\bar{z}}, X_{z\bar{z}} \rangle.$$

다음을 살펴 보자.

$$\begin{aligned} X_{z\bar{z}} &= F_z \begin{pmatrix} 0 & 0 \\ 0 & a_0 \end{pmatrix} (F_z)^* \\ &= F_z F^{-1} F \begin{pmatrix} 0 & 0 \\ 0 & a_0 \end{pmatrix} F^* (F_z F^{-1})^* = \boldsymbol{\Omega} X \boldsymbol{\Omega}^*. \end{aligned}$$

그러므로

$$\langle X_{z\bar{z}}, X_{z\bar{z}} \rangle = -\det(X_{z\bar{z}}) = -\det(\boldsymbol{\Omega} X \boldsymbol{\Omega}^*) = 0.$$

따라서 결론이 얻어진다. ■

참고 9.3.1. 임의의 $\theta, u, v \in \mathbb{R}$에 대하여 $A := \begin{pmatrix} 0 & e^{i\theta} \\ -e^{-i\theta} & u + iv \end{pmatrix}$ 라 하면 $A \begin{pmatrix} 1 & 0 \\ 0 & 0 \end{pmatrix} A^\star = \begin{pmatrix} 0 & 0 \\ 0 & 1 \end{pmatrix}$. 따라서 F와 $F^\star$ 사이에 $f_0 = \begin{pmatrix} 0 & 0 \\ 0 & a_0 \end{pmatrix}$를 쓰든 $f_3 = \begin{pmatrix} a_3 & 0 \\ 0 & 0 \end{pmatrix}$를 쓰든 표현식에는 문제가 되지 않는다. 그럼에도 불구하고 여기서 f_3가 아닌 f_0을 쓴 이유가 있는데 (9.16)에 나와 있는 h의 표현을 얻기 위한 게 하나고 (9.18)에 나와 있는 Q의 표현을 얻는 게 다른 하나다. 광원뿔 공간에서 h의 식 (9.16)를 더시터르 공간의 h의 식 (8.4), 쌍곡공간의 h의 식 (7.7)과 비교하여 보아라.

9.4 항등평균곡률 0 곡면의 호프 미분 형식과 가우스 사상

정의 9.4.1. $\mathbb{Q}^3_+$ 의 공간적 공형곡면 X에 대해서도

$$Q := -\langle X_z, N_z\rangle dz^2$$

를 호프 미분 형식이라 한다.

소정리 9.4.1. 공형이면서 항등평균곡률 0을 가지는 공간적 곡면 X의 첫째, 둘째 기본 형식을 각각 I, II라 할 때 다음이 성립한다.

$$I = \omega\bar{\omega}, \quad II = Q + \bar{Q}. \tag{9.14}$$

증명. 일단 첫째 기본 형식은 다음과 같이 계산할 수 있다.

$$\begin{aligned} I &= \langle dX, dX\rangle = -\det(dX) = -\det(d(Ff_0F^\star)) \\ &= -\det((dF)f_0F^\star + Ff_0(dF)^\star) \\ &= -\det(F^{-1}dFf_0 + (F^{-1}dFf_0)^\star) \\ &= -\det\left(\begin{pmatrix} g & 0 \\ 1 & 0 \end{pmatrix}\omega + \begin{pmatrix} \bar{g} & 1 \\ 0 & 0 \end{pmatrix}\bar{\omega}\right) \\ &= \omega\bar{\omega}. \end{aligned}$$

둘째 기본 형식에 대해선 다음과 같이 알아볼 수 있다.

$$\begin{aligned} -II = \langle dX, dN\rangle &= \langle X_z dz + X_{\bar{z}} d\bar{z}, N_z dz + N_{\bar{z}} d\bar{z}\rangle \\ &= \langle X_z, N_z\rangle dz^2 + \langle X_{\bar{z}}, N_{\bar{z}}\rangle d\bar{z}^2 \\ &\qquad + (\langle X_z, N_{\bar{z}}\rangle + \langle X_{\bar{z}}, N_z\rangle) dz d\bar{z} \end{aligned}$$

여기서 $\langle X_{\bar{z}}, N_z\rangle = \overline{\langle X_z, N_{\bar{z}}\rangle}$, 그리고

$$\begin{aligned} 4\langle X_z, N_{\bar{z}}\rangle &= \langle X_u - iX_v, N_u + iN_v\rangle \\ &= \langle X_u, N_u\rangle + \langle X_v, N_v\rangle + i(\langle X_u, N_v\rangle - \langle X_v, N_u\rangle) \end{aligned}$$

여기서

$$\begin{aligned}\langle X_u, N_v\rangle - \langle X_v, N_u\rangle &= -\langle X_{uv}, N\rangle + \langle X_{vu}, N\rangle = 0,\\ \langle X_u, N_u\rangle + \langle X_v, N_v\rangle &= -\langle X_{uu} + X_{vv}, N\rangle\\ &= -\langle -2EN, N\rangle = 0.\end{aligned}$$

따라서 $\langle X_z, N_{\bar{z}}\rangle = 0$. 그러므로 결론이 성립한다. ■

주어진 공형 곡면에 대하여 리우[49]는 다음을 가우스 사상의 식으로 제시하고 있다.

$$N = -\frac{1}{2}\Delta X - \frac{1}{8}\langle \Delta X, \Delta X\rangle X, \qquad \Delta X := 2e^{-w} X_{z\bar{z}}.$$

우리는 항등평균곡률 0 곡면 $X := F f_3 F^\star$ 의 적응된 틀장을 찾아서 N 의 표현을 구하고자 한다. 앞에서와 같이 알아보자.

9.4.1 적응된 틀장과 가우스 사상

곡면은 $X := F f_0 F^\star$ 로 주어지는 것으로 한다.

이제 어떤 $h \in \mathbf{SL}(2, \mathbb{C})$가 있어서 Fh가 적응된 틀장이 된다고 하자, 즉

$$X = (Fh) f_0 (Fh), \qquad N = (Fh) f_3 (Fh)$$

이 성립한다고 하자. 그럼 $h = \begin{pmatrix} \alpha & \beta \\ \gamma & \delta \end{pmatrix}$ 라고 할 때 첫 번째 식은 다음을 준다. $\beta = 0, \alpha = \bar{\delta}$. 즉 h는 다음과 같은 꼴이다.

$$h = \begin{pmatrix} \bar{\delta} & 0 \\ \gamma & \delta \end{pmatrix}, \qquad \gamma, \delta \in \mathbb{C}, \qquad \delta\bar{\delta} = 1.$$

이제 N과 X_u, X_v가 서로 수직이라는 사실로부터 다음을 얻는다.

$$\begin{aligned}0 &= \langle N, X_z\rangle = \langle Fhf_3h^\star F^\star, (Ff_0F^\star)_z\rangle \\ &= \langle Fhf_3h^\star F^\star, F_zf_0F^\star\rangle = \langle hf_3h^\star, F^{-1}F_zf_0\rangle \\ &= -\frac{1}{2}\left(\det(hf_3h^\star + F^{-1}F_zf_0) - \det(hf_3h^\star) - \det(F^{-1}F_zf_0)\right).\end{aligned}$$

이때

$$hf_3h^\star = a_3\begin{pmatrix}\delta\bar{\delta} & \bar{\gamma}\bar{\delta} \\ \gamma\delta & \gamma\bar{\gamma}\end{pmatrix}, \qquad F^{-1}dF = \begin{pmatrix}pq & -p^2 \\ q^2 & -pq\end{pmatrix}$$

로부터 다음을 얻을 수 있다.

$$\det(hf_3h^\star + F^{-1}F_zf_0) = a_0^2\delta q(\gamma p - \bar{\delta}q).$$

따라서 어떤 ϕ에 대하여

$$\frac{\gamma}{q} = \frac{\bar{\delta}}{p} = \phi, \tag{9.15}$$

$$h = \begin{pmatrix}p & 0 \\ q & \bar{p}\end{pmatrix}\begin{pmatrix}\phi & 0 \\ 0 & \bar{\phi}\end{pmatrix}. \tag{9.16}$$

이러면 $1 = \det h = p\bar{p}\phi\bar{\phi}$. 따라서

$$hf_3h^\star = a_3\frac{1}{p\bar{p}}\begin{pmatrix}p\bar{p} & p\bar{q} \\ \bar{p}q & q\bar{q}\end{pmatrix}$$

이제 $g := p/q$라 하면

$$hf_3h^\star = a_3\frac{1}{g\bar{g}}\begin{pmatrix}g\bar{g} & g \\ \bar{g} & 1\end{pmatrix}.$$

그러므로

$$N = Fhf_3h^\star F^\star = a_3\frac{1}{g\bar{g}}F\begin{pmatrix}g\bar{g} & g \\ \bar{g} & 1\end{pmatrix}F^\star. \tag{9.17}$$

9.4.2 쌍곡 가우스 사상의 기하적 의미

식 (9.17)로부터 다음을 알 수 있다. $N = \begin{pmatrix} x_0 + x_3 & x_1 + ix_2 \\ x_1 - ix_2 & x_0 - x_3 \end{pmatrix}$ 라고 하면

$$\frac{x_0 + x_3}{x_1 - ix_2} = \frac{F_{11}g + F_{12}}{F_{21} + F_{22}} = \frac{F'_{11}}{F'_{21}} = G.$$

즉, N을 닮음변환시켜 x_0의 값이 1이 되게 한 후 입체 사영으로 보내면 G와 같다.

9.4.3 호프 미분 형식

이제 호프 미분 형식 $Q = \langle X_{zz}, N\rangle dz^2$을 바이에르스트라스 자료로 나타내 보자. $X = Ff_0F^\star$로부터 $X_{zz} = F_{zz}f_0F^\star$. 그런데 $F_z = F\Omega$로부터 $F_{zz} = F_z\Omega + F\Omega_z$. 여기서

$$F_z\Omega = FF^{-1}F_z\Omega = F\Omega^2 = 0.$$

따라서 $X_{zz} = F\Omega_z f_0 F^\star$. 따라서

$$\langle X_{zz}, N\rangle, = \langle \Omega_z f_0, hf_3h^\star\rangle = \left\langle a_0 \begin{pmatrix} 0 & (-p^2)' \\ 0 & (-pq)' \end{pmatrix}, a_3 \frac{1}{p\bar{p}} \begin{pmatrix} p\bar{p} & p\bar{q} \\ \bar{p}q & q\bar{q} \end{pmatrix} \right\rangle$$
$$= -\frac{a_3a_0}{2}(p'q - pq') = -\frac{a_3a_0}{2}q^2\left(\frac{p}{q}\right)'.$$

(6.3)에 의하여

$$Q = \omega dg. \tag{9.18}$$

9.5 광원뿔 공간의 항등평균곡률 0 곡면의 예

9.5.1 타원형, 쌍곡형, 포물형 항등평균곡률 0 회전면

타원 회전에 대하여 불변인 곡면에 대하여 알아보자. (7.20)의 F에 대하여 $\nu \in (0,1) \cup (1,\infty)$일 때 $FF^\star = Fe_0F^\star$는 쌍곡공간에서 타원회전에 불변인 곡면이다. 그런데 이 F에 대하여 $Ff_0F^\star$ 는 $\mathbb{Q}^3_+$ 에서도 여전히 타원형 회전 곡면임을 알 수 있다.[3] 이는 기본적으로 $z = e^{s+it}$라 하면

$$D(z^{-\nu/2})f_0D(z^{-\nu/2})^\star = a_0 \begin{pmatrix} 0 & 0 \\ 0 & e^{\nu s} \end{pmatrix}$$

이여서 여전히 s에만 의존하고 t에는 의존하지 않는 s의 곡선이기 때문이다. 소정리 7.8.2의 증명을 참조하라.

이제 쌍곡 회전에 대하여 불변인 곡면에 대하여 알아보자. (7.20)의 F에 대하여 $\nu = i\delta$, $\delta \in (0,\infty)$일 때 $FF^\star = Fe_0F^\star$ 는 쌍곡공간에서 쌍곡 회전에 불변인 곡면이다. 그런데 이 F에 대하여 $Ff_0F^\star$ 는 $\mathbb{Q}^3_+$ 에서도 여전히 쌍곡형 회전 곡면임을 알 수 있다.[4] 이는 기본적으로 $z = e^{s+it}$라 하면

$$D(z^{-\nu/2})f_0D(z^{-\nu/2})^\star = a_0 \begin{pmatrix} 0 & 0 \\ 0 & e^{-\delta t} \end{pmatrix}$$

이여서 여전히 t에만 의존하고 s에는 의존하지 않는 t만의 함수이기 때문이다. 소정리 7.8.3의 증명을 참조하라.

이제 포물 회전에 대하여 불변인 곡면에 대하여 알아보자. (7.26)의 F에 대하여 $FF^\star = Fe_0F^\star$는 쌍곡공간에서 포물 회전에

3) 그림 F.1a, F.1b

4) 그림 F.1c

불변인 곡면이다. 그런데 이 F에 대하여 $Ff_0F^\star$ 는 $\mathbb{Q}^3_+$ 에서도 여전히 포물형 회전 곡면임을 알 수 있다. 이는 기본적으로 $\beta \in \mathbb{R} \setminus \{0\}$, $z = e^{s+it}$ 일 때

$$D(e^{i\beta(s+it)})f_0D(e^{i\beta(s+it)})^\star = a_0 \begin{pmatrix} 0 & 0 \\ 0 & e^{2\beta t} \end{pmatrix}$$

이므로 이는 여전히 s에는 의존하지 않는 t만의 함수이기 때문이다. 소정리 7.8.3의 증명을 참조하라.[5)]

9.5.2 항등평균곡률 0 회전면의 수반곡면

§ 7.9.3, § 7.9.4, § 7.9.5에서 쌍곡 공간의 항등평균곡률 1 타원형, 쌍곡형, 포물형 회전면의 수반곡면들을 나타낼 때 사용하였던 F를 생각하라. 그 F에 대하여 $FF^\star = Fe_0F^\star$ 대신에 $Ff_0F^\star$를 생각하라. 이러면 § 7.9.3, § 7.9.4, § 7.9.5에서 살펴보던 바 그대로 이 함수의 모양을 잘 살펴보면 어떤 곡선을 나선운동으로 움직인 것이라는 것을 볼 수 있다.

5) 그림 F.1d

제 10 장

공간 넘나들기

10.1 모든 걸 한꺼번에

10.1.1 공통

임의의 리만 곡면 M에 정의된 임의의 유리형함수 g, 정칙 1-형식 ω에 대하여

$$\Omega := \begin{pmatrix} g & -g^2 \\ 1 & -g \end{pmatrix} \omega$$

를 생각하라. 그리고 다음 미분방정식을 생각하라.

$$dE = \Omega, \qquad F^{-1}dF = \Omega.$$

이제 다음은 $(1+|g|^2)^2|\omega|^2$이 양의 값을 가지는 점에서 M의 범피복 $\tilde{M}$에 정의된 곡면이 된다.

$$X_\epsilon := E\epsilon + (E\epsilon)^\star, \qquad Y_\epsilon := F\epsilon F^\star.$$

여기서 ϵ는 각각 다음과 같다.

$$\epsilon := \begin{pmatrix} 1 & 0 \\ 0 & 1 \end{pmatrix}, \quad \epsilon := \begin{pmatrix} 1 & 0 \\ 0 & -1 \end{pmatrix}, \quad \epsilon := \begin{pmatrix} 1 & 0 \\ 0 & 0 \end{pmatrix}.$$

이러면 X_ϵ는 3차원 유클리드 공간의 극소곡면, 3차원 로렌츠 공간의 공간적 극대곡면, 3차원 등방공간의 항등평균곡률 0 곡면이 된다. Y_ϵ는 3차원 쌍곡 공간의 항등평균곡률 1 곡면, 3차원 더시터르 공간의 항등평균곡률 -1 곡면, 3차원 광원뿔 공간의 항등평균곡률 0 곡면이 된다.

10.1.2 $\mathbb{E}^3, \mathbb{L}^3, \mathbb{I}^3$에서 여러 식의 비교

정칙이고 빈 1-형식 ϕ와 가우스 사상 N

$$\begin{array}{c|c|c} & \phi & N \\ \hline \mathbb{E}^3 & (1-g^2, i(1+g^2), 2g)\,\omega & \left(\frac{g+\bar{g}}{1+g\bar{g}}, \frac{-i(g-\bar{g})}{1+g\bar{g}}, \frac{g\bar{g}-1}{1+g\bar{g}}\right) \\ \mathbb{L}^3 & (1+g^2, i(1-g^2), 2g)\,\omega & \left(\frac{g+\bar{g}}{1-g\bar{g}}, \frac{-i(g-\bar{g})}{1-g\bar{g}}, \frac{g\bar{g}+1}{1-g\bar{g}}\right) \\ \mathbb{I}^3 & (1, i, 2g)\,\omega & (g+\bar{g}, -i(g-\bar{g}), 2g\bar{g}) \end{array} \tag{10.1}$$

첫째 기본 형식, 호프 미분 형식, 둘째 기본 형식

$$\begin{array}{c|ccc} & \mathbb{E}^3 & \mathbb{L}^3 & \mathbb{I}^3 \\ \hline I & (1+|g|^2)|\omega|^2 & (1-|g|^2)|\omega|^2 & |\omega|^2 \end{array} \tag{10.2}$$

세 공간 모두에서

$$Q = \omega dg, \qquad II = Q + \bar{Q}.$$

이번에는 $\mathbb{E}^3$, $\mathbb{L}^3$, $\mathbb{I}^3$를 에르미트 행렬군의 부분집합으로 보았을 때 가우스 사상의 표현을 다시 살펴보자.

$$\begin{array}{c|c} & N \\ \hline \mathbb{E}^3 & \frac{1}{1+g\bar{g}}\begin{pmatrix} g\bar{g}-1 & 2g \\ 2\bar{g} & -(g\bar{g}-1) \end{pmatrix} \\ \mathbb{L}^3 & \frac{1}{1-g\bar{g}}\begin{pmatrix} g\bar{g}+1 & 2g \\ 2\bar{g} & g\bar{g}+1 \end{pmatrix} \\ \mathbb{I}^3 & -\frac{2}{a_3}\begin{pmatrix} g\bar{g} & g \\ \bar{g} & 1 \end{pmatrix} \end{array}$$

그런데 다음이 성립한다.

$$N_E + e_0 = \frac{2}{1+g\bar{g}} \begin{pmatrix} g\bar{g} & g \\ \bar{g} & 1 \end{pmatrix},$$

$$N_L - e_3 = \frac{2}{1-g\bar{g}} \begin{pmatrix} g\bar{g} & g \\ \bar{g} & 1 \end{pmatrix},$$

$$N_I = \frac{2}{-a_3} \begin{pmatrix} g\bar{g} & g \\ \bar{g} & 1 \end{pmatrix}.$$

10.1.3 $\mathbb{H}^3(-1)$, $\mathbb{S}^3_1(1)$, $\mathbb{Q}^3_+$ 에서 여러 식의 비교

곡면의 식, 첫째 기본 형식, 둘째 기본 형식

	X	I	II
$\mathbb{H}^3(-1)$	$F\begin{pmatrix} 1 & 0 \\ 0 & 1 \end{pmatrix}F^\star$	$(1+\|g\|^2)\|\omega\|^2$	$Q+\bar{Q}+I$
$\mathbb{S}^3_1(1)$	$F\begin{pmatrix} 1 & 0 \\ 0 & -1 \end{pmatrix}F^\star$	$(1-\|g\|^2)\|\omega\|^2$	$Q+\bar{Q}+I$
$\mathbb{Q}^3_+$	$F\begin{pmatrix} 1 & 0 \\ 0 & 0 \end{pmatrix}F^\star$	$\|\omega\|^2$	$Q+\bar{Q}$

세 공간 모두에서

$$Q = \omega dg.$$

한편 다음이 성립한다.

$$X_H + N_H = \frac{1}{1+g\bar{g}} F \begin{pmatrix} g \\ 1 \end{pmatrix} \left(F \begin{pmatrix} g \\ 1 \end{pmatrix} \right)^\star,$$

$$X_S + N_S = \frac{1}{1-g\bar{g}} F \begin{pmatrix} g \\ 1 \end{pmatrix} \left(F \begin{pmatrix} g \\ 1 \end{pmatrix} \right)^\star,$$

$$N_Q = \frac{1}{g\bar{g}} F \begin{pmatrix} g \\ 1 \end{pmatrix} \left(F \begin{pmatrix} g \\ 1 \end{pmatrix} \right)^\star.$$

여섯 공간에서 곡면의 가우스 사상을 보면 전부 빈 벡터장

$$\begin{pmatrix} g\bar{g} & g \\ \bar{g} & 1 \end{pmatrix} = \begin{pmatrix} g \\ 1 \end{pmatrix} \begin{pmatrix} \bar{g} & 1 \end{pmatrix}$$

과 밀접한 관련이 있음을 알 수 있다. $X_{z\bar{z}}$에 대해선 다음을 알 수 있다.

$$\begin{aligned} &\mathbb{H}^3(-1) && X_{z\bar{z}} = +\frac{1}{2}EX + \frac{1}{2}EHN, \\ &\mathbb{S}^3_1(1) && X_{z\bar{z}} = -\frac{1}{2}EX - \frac{1}{2}EHN, \\ &\mathbb{Q}^3_+ && X_{z\bar{z}} = -\frac{1}{2}EN. \end{aligned}$$

10.2 공간 넘나들기 1

좌표가 xyz로 주어진 $\mathbb{R}^3$에서 $z = \tan^{-1}\frac{x}{y}$를 만족시키는 점들의 집합 S를 생각하자. 이 곡면은 극소곡면인가 아닌가? 라는 질문을 생각하고 싶은데 그럴려면 먼저 $\mathbb{R}^3$가 $\mathbb{E}^3$인지, $\mathbb{L}^3$인지, $\mathbb{I}^3$인지 확실히 하여야 한다. 간단한 계산에 의하면 $f(x,y) := \tan^{-1}\frac{x}{y}$라 할 때 f는 다음을 만족시킴을 알 수 있다.

$$(1+f_y^2)f_{xx} - 2f_xf_yf_{xy} + (1+f_x^2)f_{yy} = 0, \tag{10.3}$$

$$(1-f_y^2)f_{xx} + 2f_xf_yf_{xy} - (1+f_x^2)f_{yy} = 0, \tag{10.4}$$

$$f_{xx} + f_{yy} = 0. \tag{10.5}$$

위 세 식은 각각 S가 $\mathbb{E}^3$, $\mathbb{L}^3$, $\mathbb{I}^3$에서 항등평균곡률0 곡면임을 말해주고 있다. 여기서 재미있는 사실 하나를 관찰할 수 있다. 위 세 식 중 어느 두 식이 참이면 나머지 하나는 저절로 성립한다는 점이다. 이는, 예를 들어, $\mathbb{R}^3$에 들어 있는 곡면이 $\mathbb{R}^3$를 $\mathbb{E}^3$로 보았을 때

항등평균곡률0 곡면이고 $\mathbb{R}^3$를 $\mathbb{L}^3$로 보았을 때도 항등평균곡률0 곡면이면 $\mathbb{R}^3$를 $\mathbb{I}^3$로 보았을 때도 항등평균곡률0 곡면이다.

오사무 고바야시의 결과에 따르면 이런 성질을 가진 곡면은 평면이거나 S를 평행이동 또는 등비변환시킨 곡면 뿐이다.

그런데 이를 다음과 같이 해석할 수도 있다. $\mathbb{E}^3$에서 $z = f(x, y)$의 그래프가 극소곡면이면서 동시에 조화로우면 그 함수는 어떤 함수인가? 즉 $\mathbb{E}^3$에서 $z = f(x, y)$의 그래프가 (10.3), (10.5)를 만족시키면 이 f는 어떤 함수인가? 이를 좀더 발전시킨 질문과 그에 대한 답을 [15]에서 찾아볼 수 있다.

이를 다음과 같이 볼 수도 있다.

$$dE = \begin{pmatrix} g & -g^2 \\ 1 & -g \end{pmatrix} \omega$$

라 할 때 다음은 각각 $\mathbb{E}^3$, $\mathbb{L}^3$, $\mathbb{I}^3$의 항등평균곡률0 곡면이 된다.

$$X := Ee_0 + (Ee_0)^\star, \tag{10.6}$$

$$Y := Ee_3 + (Ee_3)^\star, \tag{10.7}$$

$$Z := E(e_0 + e_3) + (E(e_0 + e_3))^\star. \tag{10.8}$$

여기서 알 수 있는 것은 $X + Y = Z$라는 건데 이는 (10.3)+(10.4) = (10.5)이라는 것과 일맥상통한다.

10.3 공간 넘나들기 2

비슷한 문제를 $\mathbb{H}^3(-1)$, $\mathbb{S}^3_1(1)$, $\mathbb{Q}^3$에서도 생각할 수 있다. 먼저 임의의 실수 ϵ에 대하여

$$-t^2 + x^2 + y^2 + z^2 = \epsilon$$

을 만족시키는 점들의 집합을 S_ϵ이라 하자. 그러면

$$S_{-1} = \mathbb{H}^3(-1) \cup R[\mathbb{H}^3(-1)], \quad S_0 = \mathbb{Q}^3, \quad S_1 = \mathbb{S}^3_1(1).$$

단 $R(t,x,y,z) = (-t,-x,-y,-z)$. 이제 다음을 정의하자.

$$\alpha := t + z, \qquad \beta := t - z.$$
$$y_0 := \frac{1}{\beta}, \quad y_1 := \frac{x}{\beta}, \quad y_2 := \frac{y}{\beta}.$$

이러면

$$\beta = \frac{1}{y_0}, \quad x = y_1\beta = \frac{y_1}{y_0}, \quad y = \beta y_2 = \frac{y_2}{y_0}, \quad \alpha = \frac{y_1^2 + y_2^2 - \epsilon y_0^2}{y_0}.$$

이러면

$$\begin{aligned} ds_\epsilon^2 &= -dt^2 + dx^2 + dy^2 + dz^2 = -d\alpha d\beta + dx^2 + dy^2 \\ &= \frac{dy_1^2 + dy_2^2 + \epsilon y_0^2}{y_0^2}. \end{aligned}$$

이제 $u = y_1$, $v = y_2$, $w = y_0$라 하면 다음을 얻는다:

$$ds^2 = \begin{cases} \frac{du^2+dv^2+dw^2}{w^2}, & S_{-1} = \mathbb{H}^3(-1), \\ \frac{du^2+dv^2-dw^2}{w^2}, & S_1 = \mathbb{S}^3_1(1), \\ \frac{du^2+dv^2}{w^2}, & S_0 = \mathbb{Q}^3. \end{cases}$$

이제 다음 반공간을 생각하라.

$$M := \{(u,v,w) \in \mathbb{R}^3 : w > 0\}.$$

여기서 한 곡면을 생각하라. 이제 이 곡면이 M이 쌍곡 공간일 때는 항등평균곡률 1, M이 더시터르 공간일 때는 항등평균곡률 -1, M이 광원뿔 공간일 때는 항등평균곡률 0이라면 이 곡면은 어떤 곡면인가? 간단한 계산에 의하여 곡면 $u = 0$은 이 질문에 대한 답 중 하나가 됨을 알 수 있다. 그러나 이것 말고 다른 곡면이 있는지는 아직 모른다.

부록 A

등장 사상

A.1 4차원 로렌츠 공간의 등장 사상

이 절에 대한 참고문헌은 [66], [67]이다.

A.1.1 4차원 로렌츠 공간의 등장 사상

먼저 다음을 정의하자.

정의 A.1.1. $\mathbf{O}(1,3) := \{A \in M(4,\mathbb{R}) : A^T \epsilon A = \epsilon\}$,

$$\epsilon := \begin{pmatrix} -1 & 0 & 0 & 0 \\ 0 & 1 & 0 & 0 \\ 0 & 0 & 1 & 0 \\ 0 & 0 & 0 & 1 \end{pmatrix}, \quad \eta_{\alpha\beta} = \begin{cases} -1 & \alpha = \beta = 0, \\ 1 & \alpha = \beta \neq 0, \\ 0 & \alpha \neq \beta. \end{cases}$$

정의 A.1.2. $\mathbb{L}^4$의 등장사상이란 다음 성질을 만족시키는 사상 $f : \mathbb{L}^4 \to \mathbb{L}^4$를 말한다.

$$\text{모든 } X, Y \in \mathbb{L}^4 \text{에 대하여 } d(f(X), f(Y)) = d(X, Y).$$

단, 이 식을 해석할 때 d의 의미에 대하여 약간의 주의를 기울여 주기를 부탁한다. 여기서

$$d(X,Y) := \sqrt{\langle X-Y, X-Y\rangle}$$

을 말하며 그 값은 순허수가 될 수도 있다.

이런 f가 사실은 일차선형함수란 사실은 굉장히 흥미롭다.

소정리 A.1.1. $f(X) = AX + B$, $A \in \mathbf{O}(1,3)$, $B \in \mathbb{L}^4$인 것은 f가 $\mathbb{L}^4$의 등장사상이기 위한 필요충분조건이다.

증명. $g(X) := f(X) - f(0)$라 하자. 그러면 $g(0) = 0$이면서 g 또한 등장사상이다. 이러면

$$\text{모든 } X, Y \in \mathbb{L}^4 \text{에 대하여 } \langle g(X), g(Y)\rangle = \langle X, Y\rangle.$$

그리고

$$\text{모든 } X, Y \in \mathbb{L}^4 \text{에 대하여 } \langle g(X), g(Y)\rangle = \langle X, Y\rangle.$$

이에 의하면

$$\langle g(e_\alpha), g(e_\beta)\rangle = \langle e_\alpha, e_\beta\rangle = \eta_{\alpha\beta}.$$

따라서 $\{g(e_\alpha)\}_{\alpha=0,1,2,3}$은 서로 독립이고 따라서 $\mathbb{L}^4$의 기저가 된다. 그러므로 어떤 $a^\alpha : \mathbb{L}^4 \to \mathbb{R}$에 대하여

$$g(X) = a^\alpha(X) g(e_\alpha).$$

이제 다음이 성립한다.

$$\begin{aligned}\langle g(X), g(e_\beta)\rangle &= a^\alpha(X)\langle g(e_\alpha), g(e_\beta)\rangle = a^\alpha(X)\langle e_\alpha, e_\beta\rangle \\ &= \begin{cases} -a^\beta(X) & \beta = 0, \\ +a^\beta(X) & \beta > 0. \end{cases}\end{aligned}$$

한편

$$\langle g(X), g(e_\beta)\rangle = \langle X, e_\beta\rangle = \begin{cases} -x^0 & \beta = 0, \\ x^i & \beta > 0. \end{cases}$$

따라서 $a^\beta(X) = x^\beta$. 그러므로

$$g(X) = \sum_{\beta=0}^{3} x^\beta g(e_\beta) = [g(e_0) : g(e_1) : g(e_2) : g(e_3)] \begin{pmatrix} x^0 \\ x^1 \\ x^2 \\ x^3 \end{pmatrix}.$$

여기서 $[g(e_0) : g(e_1) : g(e_2) : g(e_3)] := A$는 $g(e_0), g(e_1), g(e_2), g(e_3)$을 열로 가지는 정방행렬이다. 따라서 $B := f(0)$이라 하면 $f(X) = g(X) + f(0) = AX + B$. 여기서

$$g(e_\alpha)^T \epsilon g(e_\beta) = \langle g(e_\alpha), g(e_\beta)\rangle = \langle e_\alpha, e_\beta\rangle = \eta_{\alpha\beta}.$$

이는 $A^T\epsilon A = \epsilon$과 같다. 따라서 $A \in \mathbf{O}(1,3)$.

이 역이 성립함은 당연하다. ■

이제 $\mathbf{O}(1,3)$의 부분집합을 정의하자.

$$\begin{aligned} \mathbf{SO}(1,3) &= \{A \in \mathbf{O}(1,3) : \det A = 1\}, \\ \mathbf{O}(1,3)^+ &= \{A \in \mathbf{O}(1,3) : \langle Ae_0, e_0\rangle < 0\}, \\ \mathbf{SO}(1,3)^+ &= \mathbf{SO}(1,3) \cap \mathbf{O}(1,3)^+. \end{aligned}$$

여기서 $\mathbf{O}(1,3)^+$의 의미에 대하여 살펴보자. $A \in \mathbf{O}(1,3)$의 성분이 다음과 같다고 하자.

$$A = \begin{pmatrix} a_{00} & a_{01} & a_{02} & a_{03} \\ a_{10} & a_{11} & a_{12} & a_{13} \\ a_{20} & a_{21} & a_{22} & a_{23} \\ a_{30} & a_{31} & a_{32} & a_{33} \end{pmatrix}.$$

이러면 $Ae_0 = \begin{pmatrix} a_{00} \\ a_{10} \\ a_{20} \\ a_{30} \end{pmatrix}$이고

$$\langle Ae_0, e_0\rangle < 0 \quad \Leftrightarrow \quad a_{00} > 0.$$

이의 기하적 의미는 이렇다. 먼저

$$\langle Ae_0, Ae_0\rangle = \langle e_0, e_0\rangle = -1$$

이므로 Ae_0은 단위 길이를 가진 시간적 벡터다. 따라서 Ae_0의 시간 성분 a_{00}에 대하여 다음이 성립한다.

$$a_{00} \geq 1 \qquad \text{또는} \qquad a_{00} \leq -1.$$

Ae_0은 단위 시간 벡터를 A로 움직인 것인데 a_{00}은 Ae_0의 시간

성분이다. 즉 단위 시간 벡터를 움직였을 때 시간 성분이 양의 값인 A들로 이루어진 집합이 $\mathbf{O}(1,3)^+$다.

이 경우 A는 시간의 방향을 보존한다[1]고 한다.

예 A.1.1.

$$\begin{pmatrix} \cosh(\mu) & \sinh(\mu) & 0 & 0 \\ \sinh(\mu) & \cosh(\mu) & 0 & 0 \\ 0 & 0 & 1 & 0 \\ 0 & 0 & 0 & 1 \end{pmatrix}, \begin{pmatrix} 1 & 0 & 0 & 0 \\ 0 & 1 & 0 & 0 \\ 0 & 0 & \cos(\mu) & \sin(\mu) \\ 0 & 0 & -\sin(\mu) & \cos(\mu) \end{pmatrix}$$

는 각각 tx 평면, yz-평면에서의 회전을,

$$\begin{pmatrix} \frac{\mu^2}{2}+1 & \mu & -\frac{\mu^2}{2} & 0 \\ \mu & 1 & -\mu & 0 \\ \frac{\mu^2}{2} & \mu & 1-\frac{\mu^2}{2} & 0 \\ 0 & 0 & 0 & 1 \end{pmatrix}$$

은 광적 평면 $t-y=$ 일정, $z=0$에서의 광적 회전을 나타내는데 세 행렬 모두 $a_{00}>0$을 만족시키므로 $\mathbf{O}(1,3)^+$의 원소다.

A.1.2 $\mathbf{SL}(2,\mathbb{C})$와 $\mathbf{SO}(1,3)^+$ 사이의 관계

$\mathbf{SL}(2,\mathbb{C})$는 $\mathbb{L}^4 \simeq \mathcal{H}erm(2,\mathbb{C})$에 다음과 같이 작용한다.

$$\mathcal{H}erm(2,\mathbb{C}) \ni X \mapsto AXA^\star \in \mathcal{H}erm(2,\mathbb{C}).$$

이 작용은

$$\langle AXA^\star, AXA^\star\rangle = -\det(AXA^\star) = -\det X = \langle X, X\rangle$$

여서 등장사상이다. 이 관계를

$$\varphi : \mathbf{SL}(2,\mathbb{C}) \to \mathbf{O}(1,3) \subset \mathbf{M}(2,\mathbb{C})$$

---

1) orthochronous. preserve the direction of time. 그런데 좀더 정확한 표현이 아쉽다.

로 나타내자. 직접 계산에 의하면

$$\begin{aligned}\det\varphi(A) &= |\det A|^4 = 1,\\ a_{00}(\varphi(A)) &= a\bar{a} + b\bar{b} + c\bar{c} + d\bar{d} > 0.\end{aligned}$$

따라서 사실 $\varphi(A)$는 $\mathbf{SO}(1,3)^+$의 원소다.

예 A.1.2. 간단한 계산에 의하여 다음을 알 수 있다.

$$\varphi\begin{pmatrix}1 & u\\ 0 & 1\end{pmatrix} = \begin{pmatrix}1+\frac{u^2}{2} & u & 0 & -\frac{u^2}{2}\\ u & 1 & 0 & -u\\ 0 & 0 & 1 & 0\\ \frac{u^2}{2} & u & 0 & 1-\frac{u^2}{2}\end{pmatrix},$$

$$\varphi\begin{pmatrix}1 & iv\\ 0 & 1\end{pmatrix} = \begin{pmatrix}1+\frac{v^2}{2} & 0 & v & -\frac{v^2}{2}\\ 0 & 1 & 0 & 0\\ v & 0 & 1 & -v\\ \frac{v^2}{2} & 0 & v & 1-\frac{v^2}{2}\end{pmatrix},$$

$$\varphi\begin{pmatrix}e^{s/2} & 0\\ 0 & e^{-s/2}\end{pmatrix} = \begin{pmatrix}\cosh(s) & 0 & 0 & \sinh(s)\\ 0 & 1 & 0 & 0\\ 0 & 0 & 1 & 0\\ \sinh(s) & 0 & 0 & \cosh(s)\end{pmatrix},$$

$$\varphi\begin{pmatrix}e^{is/2} & 0\\ 0 & e^{-is/2}\end{pmatrix} = \begin{pmatrix}1 & 0 & 0 & 0\\ 0 & \cos(s) & -\sin(s) & 0\\ 0 & \sin(s) & \cos(s) & 0\\ 0 & 0 & 0 & 1\end{pmatrix}.$$

이 φ가 군 준동형사상이 된다는 것은 직접 계산으로 확인할 수 있다. 또한 $\varphi(A) = \varphi(-A)$인 것은 당연하고 $\varphi^{-1}(I_4) = \pm I_2$인 것도 어렵지 않게 볼 수 있다. 사실 이 사상으로 인하여 $\mathbf{SL}(2,\mathbb{C})$는 결국 $\mathbf{SO}(1,3)^+$의 2-1 덮개가 된다. 이를 확인하는 마지막 단계는

$$\varphi : \mathbf{SL}(2,\mathbb{C}) \to \mathbf{SO}(1,3)^+$$

가 전사함수인 것을 보이는 것인데 이를 위하여 임의의 $A \in \mathbf{SO}(1,3)^+$를 생각하라. 그러면

$$A\varepsilon A^T = \varepsilon, \qquad \det A = 1, \qquad a_{00} > 0.$$

이제

$$(t, x, y, z) := A\text{의 첫 번째 행}$$

라고 하자. 그러면 위 관계식은

$$-t^2 + x^2 + y^2 + z^2 = -1, \qquad t > 0$$

을 준다. 이러면

$$(t - z)(t + z) = x^2 + y^2 + 1 > 0.$$

따라서 $t - z$와 $t + z$는 둘 다 양이거나 둘 다 음이다. 그런데 둘 다 음이면 $2t = (t - z) + (t + z) < 0$이어야 하므로 모순. 따라서 둘 다 양이다. 특히

$$t - z > 0.$$

한편

$$\begin{pmatrix} T \\ X \\ Y \\ Z \end{pmatrix} = \varphi \begin{pmatrix} 1 & u \\ 0 & 1 \end{pmatrix} \begin{pmatrix} t \\ x \\ y \\ z \end{pmatrix}$$

라고 하면

$$X = x + (t - z)u.$$

따라서[2)] $u = \frac{-x}{t-z}$ 면 $X = 0, Y = y$. 한편

$$\begin{pmatrix} T \\ X \\ Y \\ Z \end{pmatrix} = \varphi \begin{pmatrix} 1 & iv \\ 0 & 1 \end{pmatrix} \begin{pmatrix} t \\ x \\ y \\ z \end{pmatrix}$$

라고 하면

$$Y = y + (t-z)v.$$

따라서 $v = \frac{-y}{t-z}$ 면 $X = x, Y = 0$. 따라서

$$\varphi \begin{pmatrix} 1 & \frac{x+iy}{z-t} \\ 0 & 1 \end{pmatrix} \begin{pmatrix} t \\ x \\ y \\ z \end{pmatrix} = \begin{pmatrix} ((t-z)+(t-z)^{-1})/2 \\ 0 \\ 0 \\ (-(t-z)+(t-z)^{-1})/2 \end{pmatrix} = \begin{pmatrix} \cosh\alpha \\ 0 \\ 0 \\ \sinh\alpha \end{pmatrix}.$$

단 $\alpha = -\ln(t-z)$. 따라서 어떤 실수 s가 있어서

$$\varphi \begin{pmatrix} e^{s/2} & 0 \\ 0 & e^{-s/2} \end{pmatrix} \varphi \begin{pmatrix} 1 & \frac{x+iy}{z-t} \\ 0 & 1 \end{pmatrix} \begin{pmatrix} t \\ x \\ y \\ z \end{pmatrix} = \begin{pmatrix} 1 \\ 0 \\ 0 \\ 0 \end{pmatrix}.$$

이를 종합하면 다음이 성립함을 알 수 있다.

$$\varphi \begin{pmatrix} e^{s/2} & 0 \\ 0 & e^{-s/2} \end{pmatrix} \varphi \begin{pmatrix} 1 & \frac{x+iy}{z-t} \\ 0 & 1 \end{pmatrix} A = \begin{pmatrix} 1 & 0 & 0 & 0 \\ 0 & & & \\ 0 & & Q & \\ 0 & & & \end{pmatrix}$$

여기서 $\det A = 1$이어서 $Q \in \mathbf{SO}(3)$. 그런데 $\mathbf{SU}(2) \to \mathbf{SO}(3)$가 전사함수인 것은 예를 들어 김영욱, 고성은의 기하학개론 강의록

2) 이것의 아이디어는 한 점을 포물 회전으로 움직이다 보면 결국 X 좌표 또는 상응하는 어떤 좌표값이 $-\infty$부터 $+\infty$까지 변하게 되므로 언젠가는 0이 된다는 기하적 관찰에 의거한다.

[4, § 2.6]에 나와있다. 따라서 어떤 $C \in \mathbf{SU}(2)$가 있어서

$$\varphi(C) = \begin{pmatrix} 1 & 0 & 0 & 0 \\ 0 & & & \\ 0 & & Q & \\ 0 & & & \end{pmatrix}$$

따라서

$$\begin{aligned} A &= \left(\varphi\begin{pmatrix} 1 & \frac{x+iy}{z-t} \\ 0 & 1 \end{pmatrix}\right)^{-1} \left(\varphi\begin{pmatrix} e^{s/2} & 0 \\ 0 & e^{-s/2} \end{pmatrix}\right)^{-1} \varphi(C) \\ &= \varphi\left(\begin{pmatrix} 1 & \frac{x+iy}{z-t} \\ 0 & 1 \end{pmatrix}^{-1} \begin{pmatrix} e^{s/2} & 0 \\ 0 & e^{-s/2} \end{pmatrix}^{-1} C\right) \end{aligned}$$

따라서 φ는 전사함수다.

A.1.3 $\mathbf{SL}(2, \mathbb{C})$의 기하적 해석

$\mathbf{SL}(2, \mathbb{C})$에는 다음과 같은 부분군이 있다.

$$A = \left\{ \begin{pmatrix} e^s & 0 \\ 0 & e^{-s} \end{pmatrix} : s \in \mathbb{R} \right\}, \quad N_{\mathbb{C}} := \left\{ \begin{pmatrix} 1 & z \\ 0 & 1 \end{pmatrix} : z \in \mathbb{C} \right\}.$$

이 때 $\mathbf{SL}(2, \mathbb{C})$의 임의의 원소 g는 다음과 같이 나타낼 수 있고 또 그 방법은 유일하다는 것이 알려져 있다.([5])

$$g = kan, \qquad k \in \mathbf{SU}(2), \quad a \in A, \quad n \in N_{\mathbb{C}}.$$

이를 $\mathbf{SL}(2, \mathbb{C})$의 이와사와 분해 또는 KAN 분해라고 한다. 기하적으로 k는 타원 회전을, a는 쌍곡 회전을, n은 포물 회전을 나타낸다. 즉, $\mathbf{SL}(2, \mathbb{R})$의 임의의 원소는 타원 회전, 쌍곡 회전, 포물 회전이 적당히 곱해져 있는 형태를 띄고 있다. 어쩌면 위와 같은 분해가 가능하다는 것 자체를 인지하게 된 계기가 여기에 있지 않나 추측해 본다.

A.2 3차원 유클리드 공간의 등장 사상

$\mathbb{E}^3$의 임의의 원소는 e_1, e_2, e_3의 선형결합으로 볼 수 있다. 따라서 $\mathbf{SL}(2,\mathbb{C})$의 원소 중 e_0를 고정하는 것은 $\mathbb{E}^3$의 등장사상이 된다. 즉

$$\mathbf{SU}(2) = \{A \in \mathbf{SL}(2,\mathbb{C}) : Ae_0A^\star = e_0\}$$

는 $\mathbf{SO}(3)$의 이중덮개로 작용한다. $\mathbf{SU}(2)$의 원소는 다음과 같이 생겼다.

$$\begin{pmatrix} p & q \\ -\bar{q} & \bar{p} \end{pmatrix}. \qquad \text{단 } p, q \in \mathbb{C},\ p\bar{p} + q\bar{q} = 1.$$

A.3 3차원 로렌츠 공간의 등장 사상

우리가 알고 있던 바와 마찬가지로 $f : \mathbb{L}^3 \to \mathbb{L}^3$에 대하여

$$\text{임의의 } P, Q\text{에 대하여 } d(P,Q) = d(f(P), f(Q)) \qquad \text{(C.1)}$$

가 성립하면 f를 옮기기라고 한다. 로렌츠 평면의 기하를 공부할 때와 마찬가지로 로렌츠 공간의 기하를 공부할 때도 옮기기가 어떻게 되는 가를 이해하는 것은 대단히 중요하다. 먼저 다음을 살피자.

정리 A.3.1. $\mathbb{L}^3$의 옮기기를 f라 하면, $g(P) := f(P) - f(0)$ 또한 옮기기가 되며 더군다나 선형사상이 된다.

증명. $\langle g(e_i), g(e_j)\rangle = \langle e_i, e_j\rangle$ 따라서 $\{g(e_i)\}_{i=0,1,2}$는 $\mathbb{L}^3$의 기저가 된다. 따라서 어떤 함수 $a, b, c : \mathbb{L}^3 \to \mathbb{R}$에 대하여

$$g(x,y,t) = a(x,y,t)g(1,0,0) + b(x,y,t)g(0,1,0) + c(x,y,t)g(0,0,1).$$

이 때

$$\begin{aligned} a(x,y,t) &= \langle g(x,y,t), g(1,0,0)\rangle = \langle (x,y,t),(1,0,0)\rangle = x, \\ b(x,y,t) &= \langle g(x,y,t), g(0,1,0)\rangle = \langle (x,y,t),(1,0,0)\rangle = y, \\ -c(x,y,t) &= \langle g(x,y,t), g(0,0,1)\rangle = \langle (x,y,t),(0,0,1)\rangle = -t. \end{aligned}$$

따라서

$$g(x,y,t) = g(1,0,0)x + g(0,1,0)y + g(0,0,1)t.$$

이로부터 g는 선형사상임을 알 수 있다. ■

g가 선형사상이므로 어떤 행렬 M에 대하여 $g\begin{pmatrix} x \\ y \\ t \end{pmatrix} = M\begin{pmatrix} x \\ y \\ t \end{pmatrix}$다. 이제 M이 어떻게 생겼는지 알아보기 위해 다음 행렬을 정의하자.

정의 A.3.3. $\epsilon = \begin{pmatrix} 1 & 0 & 0 \\ 0 & 1 & 0 \\ 0 & 0 & -1 \end{pmatrix}.$

이 행렬을 이용하여 다음을 말할 수 있다.

정리 A.3.2.

$$M\epsilon M^T = \epsilon. \tag{C.2}$$

증명. 모든 $i,j = 1,2,0$에 대하여 $\langle g(e_i), g(e_j)\rangle = \langle e_i, e_j\rangle$임을 이용하면 알 수 있다. ■

역으로 (C.2)를 만족시키는 M에 대하여

$$g\begin{pmatrix} x \\ y \\ t \end{pmatrix} := M\begin{pmatrix} x \\ y \\ t \end{pmatrix}$$

은 옮기기가 됨을 알 수 있다. 이제 M이 어떻게 생겼는지 알아보자.

당장 (C.2)로부터 $\det M$은 1 또는 -1이라는 것을 알 수 있다.

정의 A.3.4.

$$\begin{aligned} \mathbf{O}(2,1) &= \{M \in \mathbf{M}(3,\mathbb{R}) : M\epsilon M^T = \epsilon\}, \\ \mathbf{O}(2,1)^+ &= \{M \in \mathbf{O}(2,1) : detM = 1\}. \end{aligned}$$

그런데 일반적으로 $\det M = 1$이라고 하면

$$\begin{aligned} \det(M - I) &= \det(M^T - I) = -\det M \det\epsilon \det(M^T - I) \\ &= -\det(\epsilon - M\epsilon) = -\det(I - M)\det\epsilon \\ &= \det(I - M) = -\det(M - I). \end{aligned}$$

따라서 $\det(M - I) = 0$. $\det M = -1$이라고 하면

$$\begin{aligned} \det(M + I) &= \det(M^T + I) = \det M \det\epsilon \det(M^T + I) \\ &= \det(\epsilon + M\epsilon) = \det(I + M)\det\epsilon \\ &= -\det(I + M) = -\det(M + I). \end{aligned}$$

따라서 $\det(M + I) = 0$. 즉 $\det M = 1$이면 1은 M의 고유치, $\det M = -1$이면 -1은 M의 고유치다. [72]을 참고하라.

따름정리 A.3.1. 어떠한 $M \in \mathbf{O}(2,1)$에 대해서도 $Mv = v$ 또는 $Mv = -v$를 만족시키는 벡터 $v \in \mathbb{L}^3$가 존재한다.

이것의 의미는 무엇일까? 유클리드 공간에도 유사한 현상과 논리가 있는데 그것에 비추어 이 따름정리의 의미를 생각해 보기 바란다.

따름정리 A.3.2. 로렌츠 공간의 어떠한 옮기기 f도 다음과 같이 쓸 수 있다.

$$f\begin{pmatrix} x \\ y \\ t \end{pmatrix} := M\begin{pmatrix} x \\ y \\ t \end{pmatrix} + \begin{pmatrix} x_0 \\ y_0 \\ t_0 \end{pmatrix}.$$

다음과 같이 f를 나타내기도 한다. 먼저 $\mathbb{L}^3$의 한 점 (x, y, t)를 다음과 같은 열벡터로 나타낸다:

$$\begin{pmatrix} x \\ y \\ t \end{pmatrix} \mapsto \begin{pmatrix} x \\ y \\ t \\ 1 \end{pmatrix}$$

그러면

$$f\begin{pmatrix} x \\ y \\ t \\ 1 \end{pmatrix} = \begin{pmatrix} & M & & x_0 \\ & & & y_0 \\ & & & t_0 \\ 0 & 0 & 0 & 1 \end{pmatrix}\begin{pmatrix} x \\ y \\ t \\ 1 \end{pmatrix}$$

A.3.1 직선에 대한 회전이동과 평면에 대한 대칭이동

시간적 직선, 공간적 직선에 대한 회전이동 다음 두 행렬

$$\begin{pmatrix} \cos\theta & -\sin\theta & 0 \\ \sin\theta & \cos\theta & 0 \\ 0 & 0 & 1 \end{pmatrix}, \quad \begin{pmatrix} \cosh\phi & 0 & \sinh\phi \\ 0 & 1 & 0 \\ \sinh\phi & 0 & \cosh\phi \end{pmatrix} \tag{C.3}$$

은 각각 t축, y축에 대한 회전을 나타낸다.

광적 직선에 대한 회전이동 광적 직선

$$\ell = \{(x, y, t) \in \mathbb{L}^3 : x = t, y = 0\}$$

을 생각하라. 그러면 광적 평면

$$\Pi = \{(x, y, t) \in \mathbb{L}^3 : x = t\}$$

은 ℓ에 수직이다. 이제 옮기기 g가 ℓ에 대한 회전이동이면 g는 ℓ은 점별고정하고 Π는 집합고정할 것이다. 즉,

$$(x, y, t) \in \ell \Rightarrow g(x, y, t) = (x, y, t), \tag{C.4}$$

$$(x, y, t) \in \Pi \Rightarrow g(x, y, t) \in \Pi. \tag{C.5}$$

$g(x, y, t) = (X, Y, T)$를

$$\begin{pmatrix} a & b & c \\ d & e & f \\ g & h & i \end{pmatrix} \begin{pmatrix} x \\ y \\ t \end{pmatrix} = \begin{pmatrix} X \\ Y \\ T \end{pmatrix}$$

로 나타낸다고 하자. 이제 이 행렬이 어떻게 생겼는지 실제로 구하여 보자. (C.4)로부터 $a + c = 1$, $d + f = 0$, $g + i = 1$ 을 얻고, (C.5)로부터 $b = h$를 얻는다. 따라서

$$M = \begin{pmatrix} a & b & 1-a \\ d & e & -d \\ g & b & 1-g \end{pmatrix}.$$

여기에 다섯 변수가 있음에 주목하라. 이제 $M\epsilon M^T = \epsilon$이라는 조건으로부터 추가로 다음 네 식을 얻는다.

$$b^2 + 2a - 1 = 1, \quad be + d = 0, \quad b^2 + a + g - 1 = 0, \quad e^2 = 1.$$

이러면 다음 두 경우가 생긴다.

$$e = +1, \quad a = 1 - \frac{b^2}{2}, \quad g = -\frac{b^2}{2}, \quad d = -b, \quad \text{또는}$$

$$e = -1, \quad a = 1 - \frac{b^2}{2}, \quad g = -\frac{b^2}{2}, \quad d = +b.$$

따라서, $b = \psi$라고 하면 M은 아래에 식이 주어진 M_{-1} 또는 M_{+1} 인 것을 알 수 있다.

$$M_{+1} := \begin{pmatrix} 1-\frac{\psi^2}{2} & \psi & \frac{\psi^2}{2} \\ -\psi & 1 & \psi \\ -\frac{\psi^2}{2} & \psi & 1+\frac{\psi^2}{2} \end{pmatrix}, \quad M_{-1} := \begin{pmatrix} 1-\frac{\psi^2}{2} & \psi & \frac{\psi^2}{2} \\ \psi & -1 & -\psi \\ -\frac{\psi^2}{2} & \psi & 1+\frac{\psi^2}{2} \end{pmatrix}.$$

자, 왜 2가지가 나오는 것일까? 우리가 원래 구하고자 하는 것은 ℓ에 대한 회전을 나타내는 행렬인데.

이제 두 행렬을 좀더 자세히 살펴보자. 만약 $\psi = 0$이면 M_{+1}은 단위행렬인 $diag(1,1,1)$, M_{-1}은 $diag(1,-1,1)$ 임을 알 수 있다. 여기서부터 알 수 있는 사실은 M_{-1}은 회전을 나타내는 건 아니라는 것이다. M이 정말로 회전을 나타내는 행렬이라면 ψ는 매개변수로서 회전의 크기를 나타낸다고 할 수 있는데 그러면 $\psi = 0$일 때 M은 단위행렬이 되어야 할 텐데 M_{-1}은 그렇지 않으므로 회전을 나타내는 행렬이 아니다. 여기서 모든 ψ에 대하여 $M_{-1} = diag(1,-1,1)M_{+1}$ 임에 주목하라. 계산해 보면 $\det M_{+1} = +1$, $\det M_{-1} = -1$이다.

그러면 M_{-1}의 기하적 성질은 무엇일까? 이를 이해하기 위해선 (C.4)와 (C.5)의 의미를 다시 한번 생각해 보는게 필요하다. ℓ에 대한 회전이 이 두 식을 만족하는 것이야 당연해 보이는데 그러면 그 역도 성립하는가? 즉 이 두 식을 만족시키는 변환은 ℓ에 대한 회전인가? … 조금만 더 생각해 보면 반드시 그렇지는 않다는 것을 알 수 있다. ℓ을 포함하는 평면에 대한 반사도 이 두 식을 만족시킴을 알 수 있다. 즉, (C.4)와 (C.5)을 이용하여 나온 행렬 M_{+1}과 M_{-1}은 ℓ에 대한 회전일 수도 있지만 ℓ을 포함하는 평면에 대한 반사일 수도 있다. 사실 M_{+1}은 ℓ에 대한 회전이며 M_{-1}은 ℓ을 포함하는 어떤 평면에 대한 반사다.

그러면 M_{-1}에 대하여 그 평면을 어떻게 찾을 수 있는가? 조금만 생각해 보면 그 평면을 찾는다는 것은 그 평면에 수직인 벡터 u를 하나 찾는 것과 같으며 그 벡터는 $M_{-1}u = -u$를 만족시켜야 한다는 것을 알 수 있다. 즉, u는 고유치 -1에 해당하는 고유벡터인 것이다. Mathematica를 이용하여 $u := \begin{pmatrix} \frac{\psi}{2} \\ -1 \\ \frac{\psi}{2} \end{pmatrix}$가 그런 벡터임을 쉽게 알 수 있다. 이는 모든 ψ에 대하여 공간적 벡터므로, 나중에 보겠지만, 이에 수직인 원래 평면은 시간적 평면이다.

그런데 유클리드 공간의 이론에 비추어 M_{-1}은 v에 수직인 평면에 대한 반사라고 추측할 수 있으면 만약 그렇다면 그 평면에 있는 모든 w는 $Mw = w$를 만족시킬 것이다. 그렇다면 M은 1 또한 고유치로 가지고 있으며 1에 해당하는 고유 공간은 2차원일 것이다.

Mathematica를 이용하여 계산해 보면 아니나 다를까 1이 고유치가 되며

$$v = \begin{pmatrix} 1 \\ 0 \\ 1 \end{pmatrix}, \qquad w = \begin{pmatrix} 1 \\ \frac{\psi}{2} \\ 0 \end{pmatrix} \tag{C.6}$$

는 고유치 1에 해당하는 고유벡터가 됨을 볼 수 있다. 따라서

$$M(au + bv + cw) = -au + bv + cw.$$

이제 u, v, w에 대하여 살펴 보자. 먼저 u 는 공간적 벡터, v는 광적 벡터, w는 공간적 벡터다. 그러면 $Span\{v, w\}$는 시간적 평면이다. 그리고 u는 v, w 모두에 수직인데 v와 w는 서로 수직이진 않다.

u, v, w를 다음 시각에서 볼 수도 있다:

$$u = \frac{\psi}{2}\begin{pmatrix}1\\0\\1\end{pmatrix} - \begin{pmatrix}0\\1\\0\end{pmatrix}, \quad v = \begin{pmatrix}1\\0\\1\end{pmatrix}, \quad w = \begin{pmatrix}1\\0\\0\end{pmatrix} + \frac{\psi}{2}\begin{pmatrix}0\\1\\0\end{pmatrix}.$$

질문 **A.3.1.** 일반적인 M은 어떻게 생겼을까?

A.3.2 회전에 의한 점의 궤적

앞에서 계산했던 M_{+1}을 생각해 보자. 한 점 (x_0, y_0, t_0)을 M_{+1}으로 회전시킨 점을 (x, y, t)라 하면 간단한 계산에 의하여 $x - t = x_0 - t_0$임을 알 수 있다. 이것이 의미하는 바는, 이 회전축에 대하여 한 점이 회전하여 생기는 곡선은 평면 $x - t = x_0 - t_0$에 들어 있다는 것이다. 여기서, $x - t$를 이 회전의 불변량이라 할 수 있다.

한 점 $(x_0, 0, t_0)$을 회전시킨 곡선의 식은 다음과 같이 구할 수 있다. 곡선 위의 한 점을 (x, y, t)라 하면

$$\begin{aligned} x_0^2 + 0^2 - t_0^2 = x^2 + y^2 - t^2 &= (x - t)(x + t) + y^2 \\ &= (x_0 - t_0)(x + t) + y^2. \end{aligned}$$

이것은 평면 $x - t = x_0 - t_0$에 들어 있는 포물선의 식이다.

A.3.3 등장 사상 다시 보기

$\mathbb{L}^3$의 임의의 원소는 e_0, e_1, e_2의 선형결합으로 볼 수 있다. 따라서 $\mathbf{SL}(2, \mathbb{C})$의 원소 중 e_3를 고정하는 것은 $\mathbb{L}^3$의 등장사상이 된다. 즉

$$\mathbf{SU}(1, 1) = \{A \in \mathbf{SL}(2, \mathbb{C}) : Ae_3A^\star = e_3\}$$

는 $\mathbf{SO}(2,1)^+$ 의 이중덮개로 작용한다. $\mathbf{SU}(1,1)$ 의 원소는 다음과 같이 생겼다.

$$\begin{pmatrix} p & q \\ \bar{q} & \bar{p} \end{pmatrix}. \qquad \text{단 } p, q \in \mathbb{C},\ p\bar{p} - q\bar{q} = 1.$$

A.4 2차원 로렌츠 평면의 등장사상

다음과 같이 $\mathbb{L}^2$ 를 생각하자.

$$\mathbb{L}^2 = \left\{ \begin{pmatrix} x_0 + x_3 & x_1 + ix_2 \\ x_1 - ix_2 & x_0 - x_3 \end{pmatrix} : x_0, x_1 \in \mathbb{R}, x_2 = x_3 = 0. \right\}$$

즉 임의의 한 점은 다음과 같이 생겼다.

$$X = \begin{pmatrix} x_0 & x_1 \\ x_1 & x_0 \end{pmatrix} = x_0 e_0 + x_1 e_1.$$

이러면 다음과 같은 $A \in \mathbf{SL}(2, \mathbb{C})$ 를 생각하라.

$$Ae_2A^\star = e_2, \qquad Ae_3A^\star = e_3.$$

그러면 이미 $\mathbb{L}^3$ 의 등장사상에서 살펴본 바와 같이, $Ae_3A^\star = e_3$ 로부터 어떤 $p, q \in \mathbb{C}, p\bar{p} - q\bar{q} = 1$ 에 대하여 $A = \begin{pmatrix} p & q \\ \bar{q} & \bar{p} \end{pmatrix}$. 그러면 $e_2 A = A^{-1} e_2$ 로부터 $p = \bar{p}, q = \bar{q}$ 를 얻는다. 따라서

$$\text{어떤 } p, q \in \mathbb{R},\ p^2 - q^1 = 1 \text{에 대하여} \quad A = \begin{pmatrix} p & q \\ q & p \end{pmatrix}.$$

A.5 3차원 등방적 공간의 등장사상

$\mathbb{I}^3_k$ 의 등장사상을 찾아보자. $\mathbb{E}^3$, $\mathbb{L}^3$, $\mathbb{H}^3(-1)$, $\mathbb{S}^3_1(1)$ 에서는 계량기가 모든 등장사상을 결정하는데 $\mathbb{I}^3_k$ 에서는 그렇지 않다. $\mathbb{I}^3_k$ 의

등장사상을 다음과 같이 알아보자.

$$\begin{pmatrix} y_0+y_3 & y_1+iy_2 \\ y_1-iy_2 & y_0-y_3 \end{pmatrix} = \begin{pmatrix} a & b \\ c & d \end{pmatrix} \begin{pmatrix} x_0+x_3 & x_1+ix_2 \\ x_1-ix_2 & x_0-x_3 \end{pmatrix} \begin{pmatrix} \bar{a} & \bar{c} \\ \bar{b} & \bar{d} \end{pmatrix}$$

일 때 $(y_0-y_3)-(x_0-x_3) = A_0x_0+A_1x_1+A_2x_2+A_3x_3$ 인데 이것이 $x_0-x_3=k$ 인 모든 x_0,x_1,x_2,x_3 에 대해 0이라 하면 이는 $A_0=A_1=A_2=A_3=0$ 이라는 네 방정식을 준다. 그런데 그 네 식은 다음과 같이 정리된다.

$$1=|c|^2+|d|^2=-|c|^2+|d|^2, \quad c\bar{d}+\bar{c}d=\bar{c}d+c\bar{d}=0.$$

여기에다가 $ad-bc=1$ 을 더하면 다음을 얻는다.

$$F=\begin{pmatrix} a & b \\ c & d \end{pmatrix} = \begin{pmatrix} e^{i\theta} & \mu+i\nu \\ 0 & e^{-i\theta} \end{pmatrix} \qquad \mu,\nu,\theta\in\mathbb{R}.$$

이렇게 생긴 모든 행렬들의 집합을 $\mathbf{SU}(1,0,1)$ 라고 하자.

$$\mathbf{SU}(1,0,1)=\left\{\begin{pmatrix} e^{i\theta} & \mu+i\nu \\ 0 & e^{-i\theta} \end{pmatrix} : \mu,\nu,\theta\in\mathbb{R}\right\}. \tag{E.1}$$

$\mathbf{SU}(1,0,1)$ 는 군이 된다. 이런 꼴의 임의의 행렬은 행렬식이 1이고 $y_0-y_3=x_0-x_3$ 을 만족시킨다.

소정리 A.5.2. 식 (6.1)에 주어진 f_3 와 $F\in\mathbf{SL}(2,\mathbb{C})$ 에 대하여 $Ff_3F^\star=f_3$ 인 것은 $F\in\mathbf{SU}(1,0,1)$ 이기 위한 필요충분조건이다. 즉

$$M\in\mathbf{SU}(1,0,1)\Leftrightarrow M\begin{pmatrix} 1 & 0 \\ 0 & 0 \end{pmatrix} M^\star=\begin{pmatrix} 1 & 0 \\ 0 & 0 \end{pmatrix}, \ \det M=1.$$

증명. 이의 증명은 매우 쉬우므로 독자에게 남긴다. ■

소정리 A.5.3 ([30]). 임의의 $F \in \mathbf{SU}(1,0,1)$과 임의의 $A \in \mathscr{Herm}(2,\mathbb{C})$에 대하여 다음 사상

$$\mathbb{I}^3_k \ni X \mapsto Y = F(X-A)F^\star + A$$

은 $\mathbb{I}^3_k$를 $\mathbb{I}^3_k$로 보내는 등장사상이다.

참고 A.5.1. $\mathbf{SU}(1,0,1)$은 3차원이어 $X \mapsto F(X-A)F^\star + A$는 총 7차원인 것처럼 보인다. 그러나 6차원이다. 왜냐 하면 $A = a_0 f_0 + a_1 f_1 + a_2 f_2 + a_3 f_3$일 때 $A' = A - a_3 f_3$이라 하면

$$F(X-A)F^\star + A = F(X-A')F^\star + A'$$

이기 때문에 한 차원을 줄여야 한다.

간단한 계산에 의하여 $\mathbf{SU}(1,0,1)$의 리 대수 $\mathfrak{su}(1,0,1)$는 다음과 같이 생겼음을 알 수 있다.

$$\mathfrak{su}(1,0,1) = \left\{ \begin{pmatrix} i\theta & \mu + i\nu \\ 0 & -i\theta \end{pmatrix} : \theta, \mu, \nu \in \mathbb{R} \right\}$$

A.6 2차원 등방 평면의 등장사상

다음과 같이 $\mathbb{I}^2$를 생각하자.

$$\mathbb{I}^2 = \left\{ \begin{pmatrix} x_0 + x_3 & x_1 + ix_2 \\ x_1 - ix_2 & x_0 - x_3 \end{pmatrix} : x_0 - x_3 = 0, x_2 = 0 \right\}.$$

즉 임의의 한 점은 다음과 같이 생겼다.

$$X = \begin{pmatrix} x_0 + x_3 & x_1 \\ x_1 & 0 \end{pmatrix} = \begin{pmatrix} \ell & x \\ x & 0 \end{pmatrix}.$$

이러면 다음과 같은 $A \in \mathbf{SL}(2,\mathbb{C})$를 생각하라.

$$A(e_0 + e_3)A^\star = (e_0 + e_3), \qquad Ae_2A^\star = e_2.$$

$\mathbb{I}^3$의 등장사상에서 살펴본 바와 같이 $A(e_0+e_3)A^\star = (e_0+e_3)$는 A가 다음과 같이 생겼음을 의미한다.

$$A = \begin{pmatrix} e^{i\theta} & \mu + i\nu \\ \mu - i\nu & e^{-i\theta} \end{pmatrix}.$$

이제 $Ae_2 = e_2(A^\star)^{-1}$로부터 $\nu = 0,\ \theta = 0$을 얻는다. 그러므로 어떤 $\mu \in \mathbb{R}$에 대하여

$$A = \begin{pmatrix} 1 & \mu \\ 0 & 1 \end{pmatrix}.$$

이제

$$\begin{pmatrix} 1 & \mu \\ 0 & 1 \end{pmatrix}\begin{pmatrix} \ell & x \\ x & 0 \end{pmatrix}\begin{pmatrix} 1 & \mu \\ 0 & 1 \end{pmatrix}^\star = \begin{pmatrix} \ell + 2\mu x & x \\ x & 0 \end{pmatrix}$$

이므로 $(x,\ell) \in \mathbb{I}^2$은 $(x, \ell + 2\mu x) \in \mathbb{I}^2$로 옮겨진다.

A.7 3차원 쌍곡/더시터르/광원뿔 공간의 등장 사상

모든 $A \in \mathbf{SL}(2,\mathbb{C})$가 각 공간의 등장사상으로 작용한다.

부록 B

디랙 스피너

B.1 소개

미분기하학에서 다루는 대상 중에 스피너[3)]라는 것이 있다. 스피너는 1913년에 수학자 카르탕[4)]이 최초로 발견한 매우 재미있는 수학적 존재인데 그 추상성으로 인하여 이해하기 쉽지 않다. 다행히 스핀 구조는 1927년에 발견된 파울리 방정식, 1928년에 발견된 디랙 방정식과 여러 실험을 통하여 실제 입자의 기본 성질 중 하나임이 밝혀졌는데, 디랙 방정식에 관한 내용은 비교적 이해가 간단하면서도 스핀 구조를 잘 설명해 주는 바가 있어 수학도들도 스핀 구조를 이해함에 있어서 한 번쯤은 디랙방정식을 분석해 보는 것이 좋을 것으로 생각된다. [5)]

B.2 디랙 스피너의 스핀 성질

디랙 방정식은 4차원 로렌츠 공간 $\mathbb{L}^4$에 정의되어 있으면서 복소값을 가지는 네 함수에 대한 미분방정식이며 다음과 같다.[6)]

$$(\frac{i}{c}\gamma_0\partial_0 + \gamma_1\partial_1 + \gamma_2\partial_2 + \gamma_3\partial_3)\Psi = -\frac{mc}{\hbar}\Psi. \tag{B.1}$$

단, 여기서 m은 질량, c는 빛의 속도, e는 전하, $\hbar$는 플랑크 상수고 γ_μ는 다음 관계를 만족시키는 4×4 행렬이며 Ψ는 4×1 행렬이다.

$$\gamma_\mu\gamma_\nu + \gamma_\nu\gamma_\mu = 0_4, \quad \gamma_\mu^2 = I_4, \quad \mu, \nu = 0, 1, 2, 3,\ \mu \neq \nu. \tag{B.2}$$

즉 식 (B.1)은 미분방정식 4개로 이루어져 있다.

---

3) spinor

4) Elie Cartan

5) [71]은 물리학의 관점에서 스핀이 무엇인가를 설명한 매우 흥미로운 영상이다.

6) [60, 식 (18)]을 약간 변형한다. $A_0 = A_j = 0$으로 한 후 식 전체에 α_4를 곱하고, $h := 2\pi\hbar$, $\gamma_0 := \alpha_4$, $\gamma_j := -\alpha_4\alpha_j$로 놓는다. 단 $j = 1, 2, 3$.

참고 B.2.2.

$$\begin{aligned}(\frac{i}{c}\gamma_0\partial_0 + \gamma_1\partial_1 + \gamma_2\partial_2 + \gamma_3\partial_3)^2\Psi \\ = (-\frac{\partial_0^2}{c^2} + \partial_1^2 + \partial_2^2 + \partial_3^2)\Psi = \frac{m^2c^2}{\hbar^2}\Psi.\end{aligned} \tag{B.3}$$

이런 의미에서 $\frac{i}{c}\gamma_0\partial_0 + \gamma_1\partial_1 + \gamma_2\partial_2 + \gamma_3\partial_3$을 파동 연산자 $-\frac{\partial_0^2}{c^2} + \partial_1^2 + \partial_2^2 + \partial_3^2$의 제곱근이라 한다. 파울리 방정식, 디랙 방정식 등은 기본 입자가 가지는 파동성을 들여다 봄에 있어서 통상적인 파동 방정식의 제곱근을 생각하다 고안해 냈다고 한다.

관계식 (B.2)를 만족시키는 4×4 행렬 중에 다음을 '선택'하자.

$$\gamma_0 = \begin{pmatrix} \sigma_0 & 0 \\ 0 & -\sigma_0 \end{pmatrix}, \quad \gamma_j = i\begin{pmatrix} 0 & \sigma_j \\ -\sigma_j & 0 \end{pmatrix} \quad j = 1, 2, 3. \tag{B.4}$$

여기서

$$\begin{aligned}\sigma_0 &= \begin{pmatrix} 1 & 0 \\ 0 & 1 \end{pmatrix}, \quad \sigma_1 = \begin{pmatrix} 0 & 1 \\ 1 & 0 \end{pmatrix}, \\ \sigma_2 &= \begin{pmatrix} 0 & -i \\ i & 0 \end{pmatrix}, \quad \sigma_3 = \begin{pmatrix} 1 & 0 \\ 0 & -1 \end{pmatrix}.\end{aligned} \tag{B.5}$$

$\sigma_1, \sigma_2, \sigma_3$는 파울리 행렬이다. 이제 $\Psi := \begin{pmatrix} \Psi_R \\ \Psi_L \end{pmatrix}$라 하면 다음이 성립한다. 여기서 Ψ_R과 Ψ_L은 모두 2×1 행렬 함수다. 이를 이용하면 식 (B.1)은 다음과 같다.

$$+\frac{i}{c}\partial_0\Psi_R + i\sum_{i=j}^{3}\sigma_j\partial_j\Psi_L = -\frac{mc}{\hbar}\Psi_R, \tag{B.6}$$

$$-\frac{i}{c}\partial_0\Psi_L - i\sum_{i=j}^{3}\sigma_j\partial_j\Psi_R = -\frac{mc}{\hbar}\Psi_L. \tag{B.7}$$

이를 다시 쓰면 다음과 같다.

$$\begin{pmatrix} \partial_3 & \partial_1 - i\partial_2 \\ \partial_1 + i\partial_2 & -\partial_3 \end{pmatrix} \Psi_L = -\frac{1}{c}\partial_0 \Psi_R + \frac{imc}{\hbar}\Psi_R, \tag{B.8}$$

$$\begin{pmatrix} \partial_3 & \partial_1 - i\partial_2 \\ \partial_1 + i\partial_2 & -\partial_3 \end{pmatrix} \Psi_R = -\frac{1}{c}\partial_0 \Psi_L - \frac{imc}{\hbar}\Psi_L. \tag{B.9}$$

자, 이제 좌표를 바꾸면 방정식이 어떻게 변하는지 살펴보자. 아무렇게나 좌표를 바꾸는 건 아니고 의미가 있게 바꾸어야 한다. 그럴려면 $A \in \mathbf{SL}(2,\mathbb{C})$에 대하여

$$\mathbb{L}^4 \simeq \mathcal{Herm}(2,\mathbb{C}) \ni X \mapsto AXA^\star \in \mathcal{Herm}(2,\mathbb{C}) \simeq \mathbb{L}^4$$

와 같이 바꾸는 걸 생각한다. 이 작용이 $\mathbb{L}^4$의 등장사상이기 때문이다. 그래서 $\mathbf{SL}(2,\mathbb{C})$의 행렬 A를 사용하여 다음과 같이 좌표를 변환하자.

$$\begin{pmatrix} x_0' + x_3' & x_1' - ix_2' \\ x_1' + ix_2' & x_0' - x_3' \end{pmatrix} = A \begin{pmatrix} x_0 + x_3 & x_1 - ix_2 \\ x_1 + ix_2 & x_0 - x_3 \end{pmatrix} A^\star. \tag{B.10}$$

그러면 다음이 성립한다.

$$\begin{pmatrix} \partial_0' + \partial_3' & \partial_1' - i\partial_2' \\ \partial_1' + i\partial_2' & \partial_0' - \partial_3' \end{pmatrix} = A \begin{pmatrix} \partial_0 + \partial_3 & \partial_1 - i\partial_2 \\ \partial_1 + i\partial_2 & \partial_0 - \partial_3 \end{pmatrix} A^\star. \tag{B.11}$$

이 때 $AA^\star = I_2$라고 하면, 즉 A가 $\mathbf{SU}(2)$의 원소라고 하면

$$\begin{pmatrix} \partial_3' & \partial_1' - i\partial_2' \\ \partial_1' + i\partial_2' & -\partial_3' \end{pmatrix} = A \begin{pmatrix} \partial_3 & \partial_1 - i\partial_2 \\ \partial_1 + i\partial_2 & -\partial_3 \end{pmatrix} A^\star.$$

그러므로 식 (B.9)는 다음과 같다.

$$A^{-1} \begin{pmatrix} \partial_3' & \partial_1' - i\partial_2' \\ \partial_1' + i\partial_2' & -\partial_3' \end{pmatrix} A^{-\star}\Psi_R = -\frac{1}{c}\partial_0 \Psi_L - \frac{imc}{\hbar}\Psi_L. \tag{B.12}$$

따라서

$$\begin{pmatrix} \partial_3' & \partial_1' - i\partial_2' \\ \partial_1' + i\partial_2' & -\partial_3' \end{pmatrix} A\Psi_R = -\frac{1}{c}\partial_0 A\Psi_L - \frac{imc}{\hbar}A\Psi_L. \quad \text{(B.13)}$$

똑같은 논리로 식 (B.8)은 다음과 같음을 알 수 있다.

$$\begin{pmatrix} \partial_3' & \partial_1' - i\partial_2' \\ \partial_1' + i\partial_2' & -\partial_3' \end{pmatrix} A\Psi_R = -\frac{1}{c}\partial_0 A\Psi_L + \frac{imc}{\hbar}A\Psi_L. \quad \text{(B.14)}$$

그러므로 새 좌표계에서는 $A\Psi_R$, $A\Psi_L$이 디랙 방정식의 해가 된다.

이제 특정한 $A \in \mathbf{SU}(2)$에 대해 생각해 보자. 다음은 각각 x-축, y-축, z-축을 중심으로 θ만큼 회전시키는 변환을 준다. ([56] 참조)

$$A_x(\theta) = \begin{pmatrix} \cos\theta/2 & i\sin\theta/2 \\ -i\sin\theta/2 & \cos\theta/2 \end{pmatrix}, \quad \text{(B.15)}$$

$$A_y(\theta) = \begin{pmatrix} \cos\theta/2 & -\sin\theta/2 \\ \sin\theta/2 & \cos\theta/2 \end{pmatrix}, \quad \text{(B.16)}$$

$$A_z(\theta) = \begin{pmatrix} e^{i\theta/2} & 0 \\ 0 & e^{-i\theta/2} \end{pmatrix}. \quad \text{(B.17)}$$

행렬이 $A_\sharp(0)$에서 $A_\sharp(2\pi)$로 연속적으로 변할 때 좌표는 제 자리로 돌아온다. 그것은 결국 2π 회전이니까. 그런데 디랙 방정식의 해에 대해서는 다음을 얻는다.

$$A_\sharp(2\pi)\Psi_R = -\Psi_R, \quad A_\sharp(2\pi)\Psi_L = -\Psi_L.$$

임의의 회전은 위 세 회전의 적정한 곱으로 나타내어질 수 있는데 이를 이용하여 임의의 회전에 대해서도 위 성질이 만족됨을 알 수 있다.

이것이 바로 Ψ_R과 Ψ_L의 스핀 성질이다. 한 바퀴 회전을 했을 때 원래대로 돌아오지 않고 원래의 $-$가 돼 버리는 것이다. Ψ_R과 Ψ_L은 스피너의 한 예다.

질문 **B.2.2.** 식 (B.4)과 같이 행렬 γ_μ를 선택하지 않고 다른 γ_μ를 사용한다면 어떻게 될까?

부록 C

그림들

C.1 유클리드 공간에 있는 극소곡면들

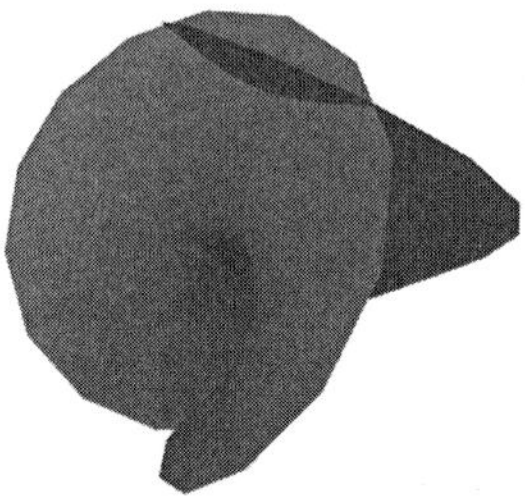

(a) 예 2.1.1 : 엔네퍼의 곡면

(b) 예 2.1.3 : 나선면

(c) 예 2.2.2 : 현수면

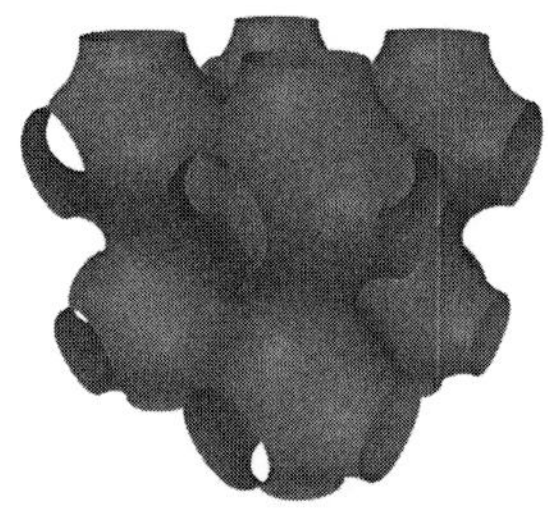

(d) 예 3.3.3 : 슈바르츠 P 곡면

(e) 예 3.3.3 : 슈바르츠 D 곡면

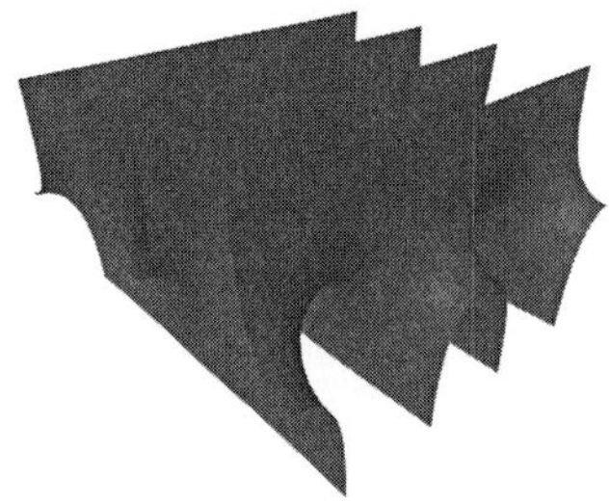

(f) 4.1 장: 셔억의 첫 번째 곡면

〈그림 A.1〉 3차원 유클리드 공간에 있는 곡면들 1

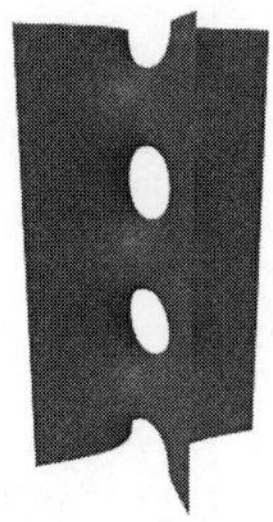

(a) 4.2 장: 셔억의 두 번째 곡면

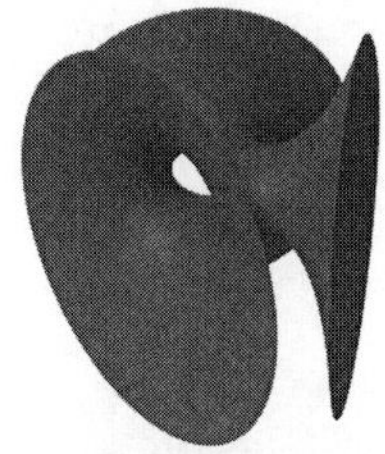

(b) 4.3 장: 3-노이드

(c) 4.4 장 : 코스타 곡면

(d) 4.5 장 : 코스타-호프만-믹스 곡면

〈그림 A.2〉 3차원 유클리드 공간에 있는 곡면들 2

C.2 로렌츠 공간에 있는 극대곡면들

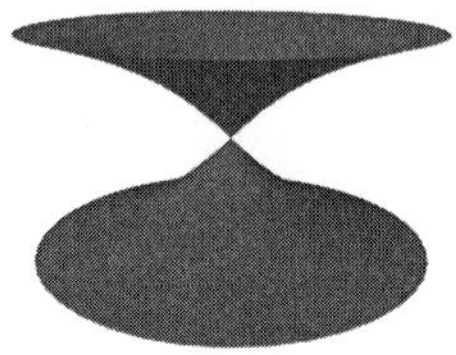

(a) 6.2.1 절: 타원회전에 불변인 극대곡면

(b) 6.2.1 절: 쌍곡회전에 불변인 극대곡면

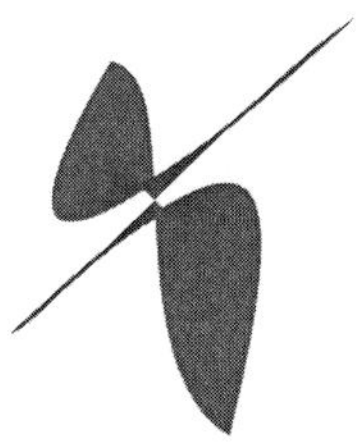

(c) 6.2.1 절: 포물회전에 불변인 극대곡면

(d) 6.2.3 절: 셔억형 극대곡면 경우 1

(e) 6.2.3 절: 셔억형 극대곡면 경우 2

(f) 6.2.3 절: 셔억형 극대곡면 경우 3

〈그림 B.1〉 로렌츠 공간에 있는 극대곡면들

C.3 등방적 공간에 있는 항등평균곡률 0 곡면들

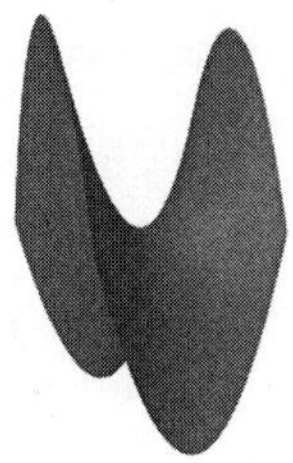

(a) 예 10.1.1 : 3차원 등방적 공간의 엔네퍼 곡면

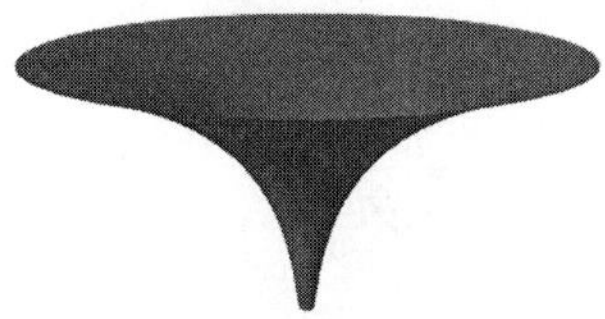

(b) 예 10.2.1 : 3차원 등방적 공간의 현수면

(c) 예 10.2.1 : 3차원 등방적 공간의 나선면

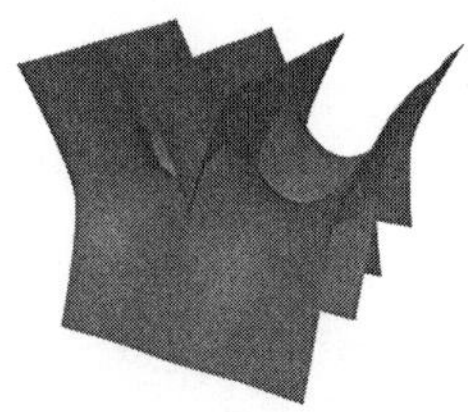

(d) 예 10.2.2

〈그림 C.1〉 등방적 공간에 있는 극대곡면들

C.4 쌍곡 공간에 있는 항등평균곡률 1 곡면들

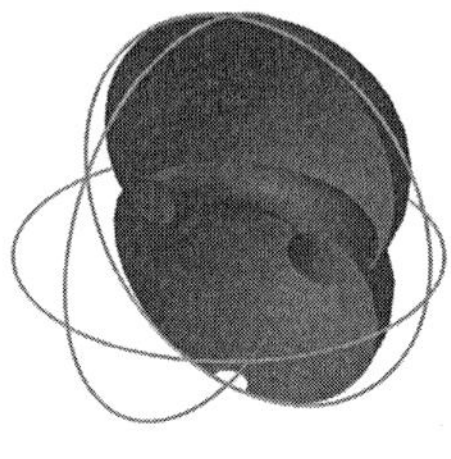

(a) 11.4.1 절 : 3차원 쌍곡 공간의 타원 현수면

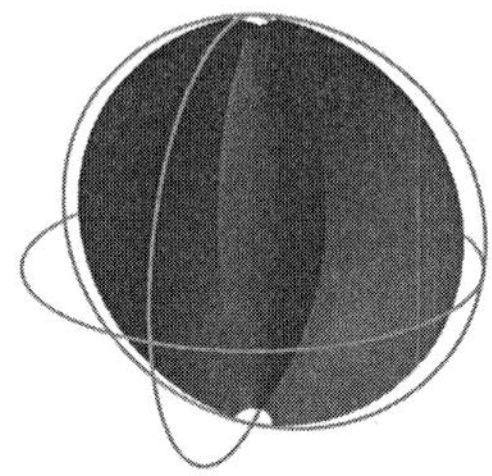

(b) 11.4.2 절 : 3차원 쌍곡 공간의 쌍곡 현수면

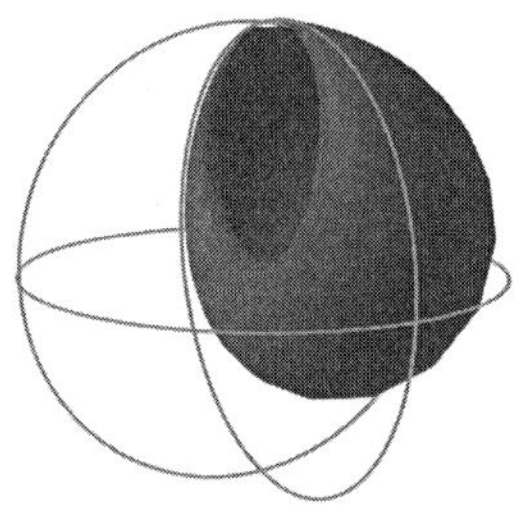

(c) 11.4.3 절 : 3차원 쌍곡 공간의 포물 현수면

〈그림 D.1〉 쌍곡 공간에 있는 항등평균곡률 1 곡면들

C.5 더시터르 공간에 있는 항등평균곡률 1 곡면들

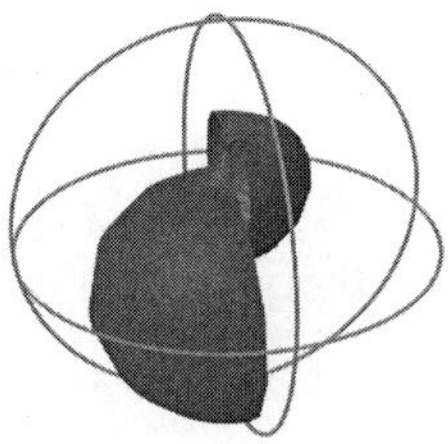

(a) 예 12.4.2 : 현수면의 사촌들

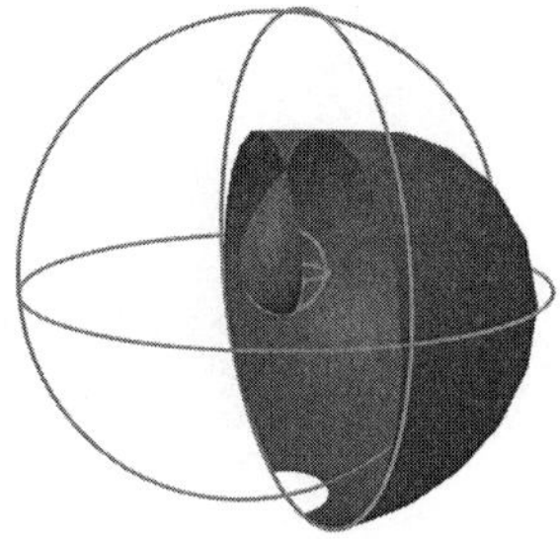

(b) 예 12.4.3 : 현수면의 사촌들

〈그림 E.1〉 더시터르 공간에 있는 항등평균곡률 1 곡면들

C.6 광원뿔 공간에 있는 항등평균곡률 0 곡면들

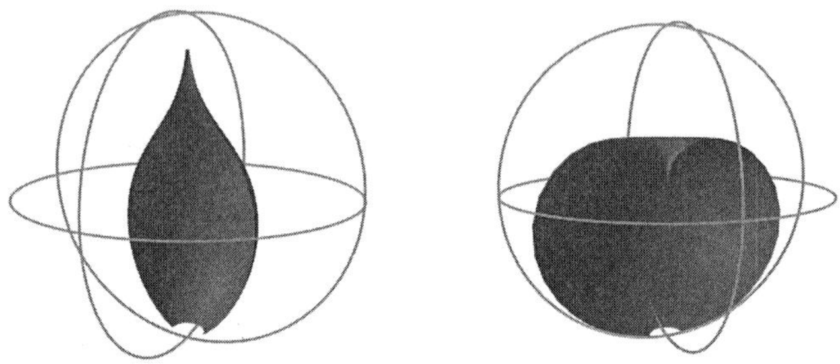

(a) 예 13.4.1 : 3차원 광원뿔 공간의 타원 현수면 1

(b) 예 13.4.1 : 3차원 광원뿔 공간의 타원 현수면 2

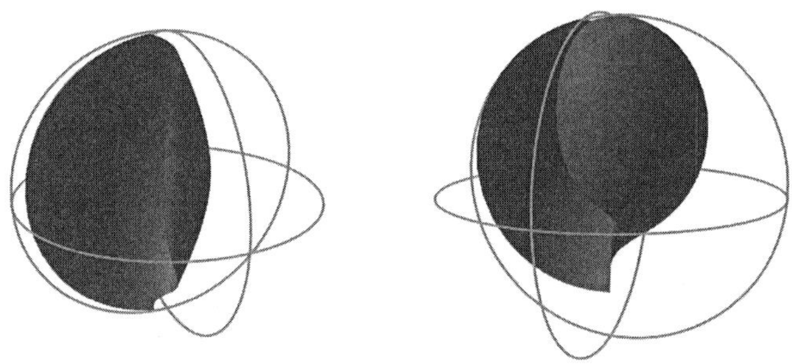

(c) 예 13.4.2 : 3차원 광원뿔 공간의 쌍곡 현수면

(d) 예 13.4.3 : 3차원 광원뿔 공간의 포물 현수면

〈그림 F.1〉 3차원 광원뿔 공간에 있는 항등평균곡률 0 곡면들

참고 문헌

[1] 김강태, 리만 기하학, 교우사, 2015.

[2] 김강태, 미분다양체론, 교우사, 2015.

[3] 김선부, 유클리드 공간과 민코프스키 공간의 비유클리드 모델, 2판, 경문사, 2018.

[4] 김영욱·고성은, 기하학개론 강의록, 안암 수학강의록 시리즈 제 *1*권, 고려대학교 수학과, 2019.

[5] 구마하라 게이사쿠, 행렬·군·등질공간, 일평수학신서, 일본평론사, 2001.

[6] 양성덕, 양성덕의 미분기하강의 *1*편, 미출판 원고.

[7] 양성덕, 양성덕의 미분기하강의 *2*편, (주)교우, 2022.

[8] 윤갑진, 미분기하학, 개정판, 경문사, 2007.

[9] R. Aiyama and K. Akutagawa, *Kenmotsu-Bryant type representation formulas for constant mean curvature surfaces in $H^3(-c^2)$ and $S^3_1(c^2)$*, Ann. Global Anal. Geom. 17 (1999), no. 1, pp. 49–75.

[10] L. J. Alías and B. Palmer, *Curvature properties of zero mean curvature surfaces in four- dimensional Lorentzian space forms*, Math. Proc. Camb. Phil. Soc. 124 (1998), 315–327.

[11] R. Bryant, *Surfaces of mean curvature one in hyperbolic space*, Astérisque **154-155**, Soc. Math. de France, (1987), pp. 321–347.

[12] T. H. Colding and W. P. Minicozzi, II, *Shapes of embedded minimal surfaces*, Proc. Natl. Acad. Sci. USA 103 (2006), no. 30, 11106–11111.

[13] L. C. B. da Silva, *Differential Geometry of Invariant Surfaces in Simply Isotropic and Pseudo-Isotropic Spaces*, preprint arXiv:1810.00080v3.

[14] M. Dede, C. Ekici, and A. C. Çöken, *On the parallel surfaces in Galilean space*, Hacettepe Journal of Mathematics and Statistics, Volume 42 (6) (2013), 605–615.

[15] Young Wook Kim, Hyung Yong Lee, and Seong-Deog Yang, *Minimal harmonic graphs and their Lorentzian cousins*, J. Math. Anal. Appl. 353 (2009) 666–670.

[16] Young Wook Kim, Sung-Eun Koh, Heayong Shin, and Seong-Deog Yang, *Generalized surfaces with constant H/K in Euclidean three-space*, manuscripta math. 124 (2007), 343–361.

[17] Young Wook Kim, Sung-Eun Koh, Heayong Shin, and Seong-Deog Yang, *Spacelike maximal surfaces, timelike minimal surfaces, and Björling representation formulae*, J. Korean Math. Soc. 48 (2011), No. 5, pp. 1083–1100.

[18] Young Wook Kim and Seong-Deog Yang, *Prescribing singularities of maximal surfaces via a singular Björling representation formula*, J. Geom. Phys. 57 (2007), no. 11, 2167–2177.

[19] O. Kobayashi, *Maximal surfaces in the 3-dimensional Minkowski space* $\mathbb{L}^3$, Tokyo J. Math. 6 (1983), no. 2, 297–309.

[20] H. L. Liu, *Surfaces in the lightlike cone*, J. Math. Anal. Appl., 325 (2007), 1171–1181.

[21] H. L. Liu, *Representation of surfaces in 3-dimensional lightlike cone*, Bull. Belg. Math. Soc. Simon Stevin 18 (2011), 737–748.

[22] H. L. Liu and S.-D. Jung, *Hypersurfaces in lightlike cone*, J. Geom. Phy., 58 (2008) 913–922.

[23] Z. Liu, X. Ma, C. P. Wang and P. Wang, *Global geometry and topology of spacelike stationary surfaces in the 4-dimensional Lorentz space*, Advances in Mathematics 249 (2013), 311–347.

[24] M. Pember, *Weierstrass-type representations*, Geom. Dedic., 204 (2020), no. 1, 299–309.

[25] Helmut Pottman and Yang Liu, *Discrete Surfaces in isotropic geometry*, R. Martin,

M. Sabin, J. Winkler (Eds.): *Mathematics of Surfaces 2007*, LNCS 4647, pp. 341–363, 2007.

[26] W. Rossman, M. Umehara, and K. Yamada, *Irreducible constant mean curvature 1 surfaces in hyperbolic space with positive genus*, Tohoku Math. J., 49 (1997), 449–484.

[27] Hans Sachs, *Isotrope Geoemtrie des Raumes. (German) [Isotropic Geometry of Spaces]*, Friedr. Vieweg & Sohn, Braunschweig, 1990.

[28] Yuichiro Sato, *d-minimal surfaces in three-dimensional singular semi-Euclidean space* $\mathbb{R}^{0,2,1}$, arXiv:1809.07518v1.

[29] Jin Ju Seo, *On the geometry of curves and surfaces in the isotropic three-space*, Ph.D. thesis (2020), Korea University.

[30] Jin Ju Seo and Seong-Deog Yang, *Zero mean curvature surfaces in isotropoc three-space*, Bull. Korean Math. Soc. 58, No 1 (2021), 1–20.

[31] M. Umehara and K. Yamada, *Surfaces with light-like points in Lorentz-Minkowski space with applications*, in "Lorentzian Geometry and Related Topics", Springer Proceedings of Mathematics & Statistics **211** (2018), 253 – 273.

[32] Matthias Weber, *Construction of Harmonic Surfaces with Prescribed Geometry*, ICMS 2010, pp 170–173.

[33] Matthias Weber, *On Karcher's twisted saddle towers*, Geometric analysis and nonlinear partial differential equations, 117–127, Springer, Berlin, 2003.

[34] Dae Won Yoon, *Surfaces of revolution in the three dimensional pseudo-isotropic three-space*, Glas. Mat. Ser. III 48(68) (2013), no. 2, 415–428.

[35] I. M. Yaglom, *A Simple Non-Euclidean Geometry and Its Physical Basis*, Springer Verlag, New York, 1979.

[36] Seong-Deog Yang, *Björling formula for mean curvature one surfaces in hyperbolic three-space and in de Sitter three-space*, Bull. Korean Math. Soc. 54 (2017), No. 1, pp. 159–175.

[37] Alfred Gray, *Modern differential geometry of curves and surfaces with Mathematica*, Second Ed., CRC Press, 1997.

[38] D. Hoffman and W. H. Meeks, III, *Embedded minimal surfaces of finite topology*, Annals of Mathematics, 131 (1990), 1–34

[39] S. Lee and S.-D. Yang, *Spacelike constant mean curvature one trinoids in de Sitter three-space*, Osaka J. Math., 43 (2006), 641–663.

[40] John Oprea, *The Mathematics of Soap Films: Explorations with Maple®*, American Mathematical Society Student Mathematical Library, Vol. 10, 2000.

[41] L. P. Jorge and W. H. Meeks III, *The topology of Complete Minimal Surfaces of Finite Total Gaussian Curvature*, Topology Vol. 22, No. 2, pp. 203–221, 1983.

[42] Young Wook Kim, Sung-Eun Koh, Heayong Shin, and Seong-Deog Yang, *Spacelike maximal surfaces, timelike minimal surfaces, and Björling representation formulae*, J. Korean Math. Soc. 48 (2011), No. 5, pp. 1083–1100.

[43] Shoichi Fujimori, Masayuki Noro, Kentaro Saji, Takeshi Sasaki, and Masaaki Yoshida, *Schwarz maps for the hypergeometric differential equation*, International Journal of Mathematics Vol. 26, No. 6 (2015).

[44] M. Umehara and K. Yamada, *Complete surfaces of constant mean curvature* 1 *in the hyperbolic 3-space*, Ann. of Math. 137 (1993), 611–638.

[45] M. Umehara and K. Yamada, *Surfaces of constant mean curvature c in $H^3(-c^2)$ with prescribed hyperbolic Gauss map*, Math. Ann. 304 (1996), 203–224.

[46] R. Bryant, *Surfaces of mean curvature one in hyperbolic space*, Astërisque 154–155 (1987), 321–347.

[47] S. Fujimori, *Spacelike CMC 1 surfaces with elliptic ends in de Sitter 3-Space*, Hokkaido Mathematical Journal Vol. 35 (2006) p. 289–320.

[48] K. Yamada, `http://www.math.titech.ac.jp/~kotaro/class/2018/geom-b/lecture-03.pdf`

[49] H. Liu, *Representation of surfaces in 3-dimensional lightlike cone*, Bull. Belg. Math. Soc. Simon Stevin 18 (2011), 737–748

[50] Oscar M. Perdomo, *Helicoidal minimal surfaces in* R^3, Illinois Journal of Mathematics, Volume 57, Number 1, Spring 2013, Pages 87–104.

[51] Shintaro Akamine, Joseph Cho, and Yuta Ogata, *Analysis of timelike Thomsen surfaces*, J. Geom. Anal. 30(1): 731–761, 2020.

[52] M. Spivak, *A Comprehensive Introduction to Differential Geometry*, Vol. I, II, III, IV, V. Third Edition, Second Printing, Publish or Perish, Inc., Houston, Texas, 1999.

[53] Masatoshi Kokubu, Masaaki Umehara, and Kotaro Yamada, *An elementary proof of Small's formula for null curves in* $P\mathrm{SL}(2,\mathbb{C})$ *and an analogue for Legendrian curves in* $P\mathrm{SL}(2,\mathbb{C})$, Osaka J. Math. 40(3): 697–715 (September 2003).

[54] Y. W. Kim and Seong-Deog Yang, *A family of maximal surfaces in Lorentz-Minkowski three-space*, Proc. Amer. Math. Soc., Volume 134, Number 11, November 2006, Pages 3379–3390.

[55] William O. Straub, *Weyl spinors and Dirac's electron equation*, `http://www.weylmann.com/weyldirac.pdf`

[56] William O. Straub, A Child's Guide to Spinors, `http://www.weylmann.com/spinor.pdf`.

[57] R. Kusner and N. Schmitt, *The Spinor Representation of Minimal Surfaces*, arXiv:dg-ga/9512003v1.

[58] Pascal Romon, Julien Roth. *The spinor representation formula in 3 and 4 dimensions*, Conference on Pure and Applied Differential Geometry, Aug 2012, Leuven, Belgium. pp.300. hal-00857015

[59] Iskander A. TAIMANOV, *Surfaces in three-dimensional Lie groups in terms of spinors*, arXiv:0712.4139v2.

[60] J. Mawhin and A. Ronveaux, *Schrödinger and Dirac equations for the Hydrogen atom and Laguerre polynomials*, Archive for the History of Exact Sciences 64 (2010), 429–460.

[61] P. A. M. Dirac, *The Quantum Theory of the Electron*, Proceedings of the Royal Society of London. Series A, Vol. 117, No. 778, 1928, pp. 610–624.

[62] Bjorken and Drell, *Relativistic Quantum Mechanics*, International series in pure and applied physics, McGraw- Hill, 1964.

[63] Dietterich Labs, *How to solve Dirac equation*, https://www.youtube.com/watch?v=jWYtP-rAoYA.

[64] Pascal Kordt, *Single-Site Green Function of the Dirac Equation for Full-Potential Electron Scattering*, 2012, http://hdl.handle.net/2128/4548

[65] https://en.wikipedia.org/wiki/Dirac_equation.

[66] https://en.wikipedia.org/wiki/Lorentz_group#Conjugacy_classes

[67] https://www.reddit.com/r/learnmath/comments/11rosq/how_can_i_see_that_sl2c_is_a_double_cover_of_so31/

[68] https://en.wikipedia.org/wiki/Beltrami-Klein_model

[69] https://en.wikipedia.org/wiki/Isothermal_coordinates

[70] https://mathematicians.korea.ac.kr/sdyang/

[71] https://www.youtube.com/watch?v=pWlk1gLkF2Y

[72] https://math.stackexchange.com/questions/653133/eigenvalues-in-orthogonal-matrices

주제어 찾아보기

$X^\star$, 4

$\mathbb{S}^3_1(1)$, 2

$\mathbb{E}^3$, 2

$\mathscr{Herm}(2, \mathbb{C})$, 4

$\mathbb{H}^3(-1)$, 2

$\mathbb{I}^3$, 2

$\mathbb{I}^3$의 입체사영, 121

$\langle V, V \rangle$, 4

$\mathbb{L}^3$, 2

$\mathbf{O}(1, 3)^+$, 210

$\mathbf{O}(2, 1)$, 218

$\mathbf{O}(2, 1)^+$, 218

$\mathbb{Q}^3$, 2

$\mathbf{SO}(1, 3)$, 210

$\mathbf{SO}(1, 3)^+$, 210

$\mathbf{SO}(2, 1)^+$, 224

$\mathbf{SU}(1, 0, 1)$, 225

$\mathbf{SU}(1, 1)$, 224

$\mathbf{SU}(2)$, 6

e_0, e_1, e_2, e_3, 4

f_0, f_1, f_2, f_3, 110

$p \wedge V \wedge W$, 5

3차원 광원뿔 공간, 2

3차원 더시터르 공간, 2

3차원 등방성 공간, 2

3차원 등방적 공간, 110

3차원 로렌쯔 공간, 2

3차원 쌍곡 공간, 2

3차원 쌍곡 공간의 외적, 125

3차원 유클리드 공간, 2

3차원 초구, 2

3차원 초평면, 2

4차원 로렌츠 공간, 2

KAN 분해, 215

가우스 곡률, 10

가우스 사상, 97

가지, 40

곡면의 구조 방정식, 185

곧은선, 41

공형, 10

공형 좌표계, 10

극대곡면, 83

극소곡면, 12

끝, 64

나선, 106

나선면, 21
내재적으로 평평, 185
다가함수, 23
단순반복곡면, 47
대칭성, 33
대합, 39
둘째 기본 형식, 10
뒤집기, 53
디랙 방정식, 230
디랙 스피너, 230
라플라스 작용소, 93
론스키안, 142
리만구, 36
면대칭, 33
모노드로미 행렬, 145
몽주 조각, 116
바이에르스트라스 $\wp$ 함수, 62
반전, 53
복소미분가능, 13
뵤올링의 문제, 32
분지 절단, 51
브라이언트 표현 공식, 125
비었다, 13
비영-벡터, 74
빈 곡률, 107
빈 곡선, 107

선대칭, 33
선적분, 25
셔억-형 극대곡면, 87
셔억의 첫 번째 극소곡면, 50
셔억의 탑, 38
수반 곡면, 152
수반극소곡면, 104
슈바르츠 D 곡면, 39
슈바르츠 P 곡면, 39
슈바르츠 대칭원리, 34
스몰의 식, 158
스피너, 230
스핀, 7
스핀 변환, 7
시간 방향 보존, 211
쌍곡 공간의 나선 운동, 152
쌍곡 현수면, 149
쌍곡평면의 상반평면모델, 55
쌍곡평면의 원반모델, 55
쌍곡회전, 85
쌍대 곡면, 133
에르미트 행렬 집합, 4

엔네퍼 사촌, 143
엔네퍼-바이에르스트라스 표현식, 19
엔네퍼의 곡면, 11
외적 구조, 6
유리형함수, 200
이와사와 분해, 215
이중반복곡면, 47
입체사영, 25, 124
적응된 틀장, 193
점근곡선, 41
점근방향, 42
점근적 단위직교, 111
정칙, 10
정칙 1-형식, 200
주곡률선, 37, 41
주방향, 42
첫째 기본 형식, 10
켤레극소곡면, 46
코스타-호프만-믹스의 곡면, 63
코스타의 곡면, 62
코시-리만 방정식, 22

타원 현수면, 148
타원회전, 83
트라이노이드, 61
평균 곡률, 10
평면도, 121
포물 현수면, 150
포물회전, 86
표준 기저 벡터, 98
허리평면, 36
현수면, 21
현수면 사촌, 143
호프 미분 형식, 28

양 성 덕

경력

고려대학교 조교수, 부교수, 정교수 (2001. 9 ~ 현재)

브라운 대학교 방문조교수 (2000. 9 ~ 2001. 8)

인디애나 대학교 맥스 조른 방문조교수 (1997. 9 ~ 2000. 5)

학력

브라운 대학교, 수학박사 (1997. 5)

브라운 대학교, 수학석사 (1991. 5)

한국과학기술원, 수학학사 (1990. 2)

양성덕의 **미분기하강의 3편**

초판발행 2023년 2월 15일

지은이 양성덕
펴낸이 오판근
펴낸곳 (주) 교우
주　소 서울시 동대문구 약령시로 8 교우빌딩 2층 (주)교우
전　화 02-925-2861 / **팩　스** 070-7966-8610, **편집부** 02-925-2825
홈페이지&북스토어 www.kyowoo.co.kr / 이메일 kyowoo@kyowoo.co.kr

등　록 1994년 3월 24일 제1994-000013호
ISBN 979-11-251-0367-7(94410) / 979-11-251-0067-6(세트)

값 20,000원

교우미디어는 (주) 교우의 Imprint 사입니다.
수학정원·과학정원은 (주) 교우의 새로운 브랜드명입니다.

잘못된 책은 구입하신 서점에서 교환해 드립니다.